2
1972

Faserforschung und Textiltechnik

WISSENSCHAFTLICH-TECHNISCHE ZEITSCHRIFT FÜR DIE CHEMIEFASER- UND TEXTILINDUSTRIE

AUS DEM INHALT

AKADEMIE-VERLAG BERLIN

Faserforsch. u. Textiltechnik • 23. Jahrg. • Heft 2 • Seiten 55–96 • Berlin im Februar 1972
FSTXA7 23 (2) 55–96 (1972) Preis: 15,– M • Sonderpreis DDR: 9,– M

DK 677.4:677.014.886:536.416

Ronca, Giorgio, und *Sorta, Ennio*

Ein Beitrag zur Theorie der Faserkräuselung

Faserforsch. u. Textiltechnik **23** (1972) 2, S. 55—60. 8 Abb., 3 Lit.

Eine Theorie für begrenzte Spannungs-Dehnungs-Kurven von Schraubenfedern wurde entwickelt und eine Formel für die Entkräuselungskraft abgeleitet. Es erfolgte ein Vergleich mit den experimentellen Ergebnissen an Bikomponentenfasern. Die Kräuselungsgeometrie wurde als Funktion des Schrumpfkoeffizienten, der mechanischen Parameter des Querschnitts und der Entwicklungsmodalitäten untersucht.

DK 677.494.745.32:677.014.27:677.014.86:677.017.4:539.374:539.371

Neverov, A. P., und *Pakšver, È. A.*

Untersuchung rheologischer Eigenschaften von Polyacrylnitril-Gelfäden mittels Recken
1. Mitt.: Untersuchungsmethodik

Faserforsch. u. Textiltechnik **23** (1972) 2, S. 75—79. 5 Abb., 4 Tab., 13 Lit.

Bei der ausgearbeiteten Methodik wird die beim Recken vorgenommene Gesamtdeformation in einen hochelastischen und einen plastischen Anteil zerlegt. Es wird gezeigt, daß im Bereiche der Reckgeschwindigkeit 46 bis 460 mm/min und der Deformationsgeschwindigkeit $6 \cdot 10^{-3}$ bis $12{,}3 \cdot 10^{-3}\,s^{-1}$ die Deformationsbedingungen keinen Einfluß auf die Abhängigkeit der Spannung von der Deformation und auf die Größe der hochelastischen und plastischen Deformation ausüben. Dieser Befund läßt sich durch ein starkes Abbremsen der Relaxationsprozesse in Polyacrylnitril-Gelfäden, die in Wasser/Dimethylformamid-Fallbädern ersponnen wurden, erklären.

DK 661.728:532.73—3:532.77:66.062.182:66.062:851:541.123.3

Philipp, Burkart, Schleicher, Harry, und *Laskowski, Ilse*

Untersuchungen zur Quellung und Lösung von Cellulose in aminhaltigen Flüssigkeitsgemischen
1. Mitt.: Literaturübersicht und Untersuchungen zum Verhalten von Cellulose in Gemischen von SO_2 und Diäthylamin mit einer organischen Flüssigkeit

Faserforsch. u. Textiltechnik **23** (1972) 2, S. 60—65. 3 Abb., 3 Tab., 16 Lit.

Die Auflösung von Cellulose in Lösungen von SO_2 und Diäthylamin in verschiedenen organischen Flüssigkeiten wird beschrieben und für das System SO_2/Diathylamin/Acetonitril der Einfluß von Lösungsmittelzusammensetzung, Lösetemperatur und -zeit sowie von DP und übermolekularer Struktur der Cellulose auf den Löseprozeß angegeben.

DK 677.494.674'524'420:677.017.56:536.494:677.017.4:677.019.35

Schumann, Heinz-Dieter

Beiträge zur Schmelzepolykondensation von Polyäthylenterephthalat im offenen System
IV. Zur zeitlichen Verfolgung der Polykondensation durch IR-Spektroskopie

Faserforsch. u. Textiltechnik **23** (1972) 2, S. 80—85. 9 Abb., 32 Lit.

In einer speziellen Heizküvette wird die Polykondensation von PÄT in ruhender dünner Schmelzeschicht bei 280 °C und 1 Torr infrarotspektroskopisch verfolgt.

DK 677.494.674—042.2:677.017.87:616.14—089.28

Schwertassek, Karl, und *Dvořák, Jan*

Über den Nachweis eines enzymatischen Abbaus an Polyesterfasern im lebenden Organismus

Faserforsch. u. Textiltechnik **23** (1972) 2, S. 66—69. 6 Abb., 4 Lit.

Im Anschluß an eine frühere Arbeit wird über die Untersuchung von gewirkten Gefäßprothesen aus Polyesterseide (PES) berichtet, die 11 Jahre im menschlichen Organismus implantiert waren. Sie ergab, daß bei sehr langen Verweilzeiten der Prothesen ein enzymatischer Abbau der Polyesterfasern stattfindet, der offenbar von strukturgestörten Bereichen an der Faseroberfläche ausgeht, aber in den vorliegenden Beispielen nicht der Anlaß zur Auswechselung der Prothesen war.

DK 677.494.674'524'420:66.095.3:541.127.1:543.422.4

Blažej, A., Šutá, Š., Markušovská, E., und *Vyskočil, I.*

Einfluß von Wärme auf Polyäthylenterephthalat-Faserstoffe (PÄT)

Faserforsch. u. Textiltechnik **23** (1972) 2, S. 85—88. 9 Abb., 12 Lit.

In der Arbeit wird festgestellt, daß die durch die Koeffizienten der Festigkeitsabnahme beschriebene Festigkeit der PÄT-Fasern durch Wärmeeinwirkung verändert wird. Die Veränderung kann durch die Beziehung $y = a e^{b e^{cx}}$ beschrieben werden, wobei x die Temperatur, y den Abnahme-Koeffizient und a, b, c charakteristische Konstanten der Faserthermostabilität bedeuten. Die Festigkeitsänderung wird durch die Änderung der chemischen und physikalischen Struktur verursacht. Das Maß der Veränderungen der Festigkeit im Temperaturbereich von 20 bis 200 °C ist bei verschiedenen Proben unterschiedlich und hängt vorwiegend von der Orientierung der amorphen Bereiche der Fasern vor der Wärmebehandlung ab.

DK 677.494.742.3:677.021.125.3:677.014.872:677.014.874:677.014.84:677.014.86

Diačik, Ivan, Jambrich, Martin, und *Mitterpach, Ivan*

Beitrag zum Studium der Strukturveränderungen synthetischer Fasern bei Deformationen in der Faserlängsrichtung
II. Polypropylenfasern (PP-Fasern).

Faserforsch. u. Textiltechnik **23** (1972) 2, S. 70—74. 8 Abb., 1 Tab., 6 Lit.

Der Einfluß unterschiedlicher Bedingungen bei der Deformation von PP-Fasern auf die Orientierung kristalliner und nichtkristalliner Bereiche des Polymersystems wurde verfolgt unter Benützung der röntgenographischen Methode, der Messung der optischen Doppelbrechung, der Infrarot-Absorptionsspektroskopie und durch Messung der Schallgeschwindigkeit. Dabei wurde festgestellt, daß es im Unterschied zur Deformation von PA-6-Fasern bei der Deformation von PP-Fasern schon in den ersten Phasen der Deformation zu einer hohen Orientierung der kristallinen Bereiche kommt, während die nichtkristallinen Bereiche in den ersten Phasen der Deformation praktisch unorientiert bleiben.

Die Zeitschrift „Faserforschung und Textiltechnik" erscheint monatlich in Heften zu 48 Textseiten im Format A 4. Der Preis für das Einzelheft beträgt M 15,— (Sonderpreis für DDR M 9,—), für den Vierteljahresbezug M 45,— (Sonderpreis für DDR M 27,—), zuzügl. Bestellgeld. Die Berechnung erfolgt zu Beginn eines Vierteljahrs für 3 Hefte. Bestellungen aus dem Gebiet der Deutschen Demokratischen Republik an ein Postamt, eine Buchhandlung oder den Verlag, aus der Deutschen Bundesrepublik an eine Buchhandlung oder die Auslieferungsstelle Kunst und Wissen, Erich Bieber, 7 Stuttgart 1, Wilhelmstraße 4—6, aus dem Ausland an eine Importbuchhandlung, den Deutschen Buch-Export und -Import GmbH., 701 Leipzig, Postschließfach 276, oder den Akademie-Verlag GmbH., 108 Berlin, Leipziger Str. 3—4 (Fernruf: 220441; Telex-Nr. 0112020; Postscheckkonto 35021) erbeten. Bestellnummer dieses Heftes: 1014/22/2. Alleinige Anzeigenannahme DEWAG-WERBUNG, 102 Berlin, Rosenthaler Str. 28/31, und alle DEWAG-Betriebe in den Bezirksstädten der DDR. — Bestellungen in der UdSSR nehmen entgegen: Städtische Abteilungen von „SOJUZPECHATJ" bzw. Postämter und Postkontore.

Herausgeber und verantwortlich für den Inhalt: Prof. Dr. Erich Correns, Institut für Faserstoff-Forschung der Deutschen Akademie der Wissenschaften zu Berlin, 153 Teltow-Seehof, Fernruf: Teltow 4831; Prof. Dr.-Ing. habil. Wolfgang Bobeth, Institut für Technologie der Fasern der Deutschen Akademie der Wissenschaften zu Berlin, 801 Dresden, Hohe Str. 6, Fernruf: 44721; Prof. Dr.-Ing. Hans Böhringer, Institut für Textiltechnologie der Chemiefasern Rudolstadt, Fernruf: Rudolstadt 2031; Prof. Dr. Hermann Klare, Prof. Dr. habil. Burkart Philipp und Dr. habil. Christian Ruscher, Institut für Faserstoff-Forschung der Deutschen Akademie der Wissenschaften zu Berlin, 153 Teltow-Seehof, Fernruf: Teltow 4831. Schriftleiter: Joachim Brämer und Dipl.-Chem. Ingeborg Ruscher, 153 Teltow-Seehof, Kanstr. 55. Verlag: Akademie-Verlag GmbH., 1054 Berlin, Wilhelm-Pieck-Str. 49. Satz und Druck: Druckhaus „Maxim Gorki", 74 Altenburg. — Veröffentlicht unter der Lizenznummer 1280 des Presseamtes beim Vorsitzenden des Ministerrates der Deutschen Demokratischen Republik.

Manuskriptsendungen sind an einen der Herausgeber oder die Schriftleitung zu richten. Für Inhalt und Form gelten die „Richtlinien für die Annahme und Abfassung von Beiträgen", erhältlich von der Schriftleitung. Die Verfasser größerer wissenschaftlicher Arbeiten erhalten außer dem Honorar ein Heft und 50 Sonderdrucke ihrer Arbeit unentgeltlich.

Faserforschung und Textiltechnik

WISSENSCHAFTLICH-TECHNISCHE ZEITSCHRIFT FÜR DIE CHEMIEFASER- UND TEXTILINDUSTRIE

Band 23 Februar 1972 Heft 2

Ein Beitrag zur Theorie der Faserkräuselung

Giorgio Ronca und Ennio Sorta

ARS, Milano, und Snam Progetti, S. Donato Milanese, Italien

DK 677.4:677.014.886:536.416

Eine Theorie für begrenzte Spannungs-Dehnungs-Kurven von Schraubenfedern wurde entwickelt und eine Formel für die Entkräuselungskraft abgeleitet. Es erfolgte ein Vergleich mit den experimentellen Ergebnissen an Bikomponentenfasern. Die Kräuselungsgeometrie wurde als Funktion des Schrumpfkoeffizienten, der mechanischen Parameter des Querschnitts und der Entwicklungsmodalitäten untersucht.

Вклад в теорию процесса придания извитости волокнам

Для спиральных пружин развита теория ограниченных кривых нагрузка — удлинение и выведена формула для усилия выпрямления. На бикомпонентных волокнах проведено сравнение с экспериментальными данными. Геометрия волнистости исследовалась в виде функции от коэффициентов усадки, механических параметров, поперечного сечения и протекания процесса придания извитости.

A Contribution to the Theory of Fiber Crimping

A theory is developed for finite load-extension curve of a helical spring. An expression for decrimping load is obtained. Comparision with experimental data on bicomponent fibers has been made. Crimp geometry has been examined as a function of shrinkage coefficient, cross sectional mechanical parameters, and development modalities.

1. Einleitung

Viele Autoren untersuchten das Problem der mechanischen Eigenschaften von gekräuselten Fasern. Der wichtigste Beitrag wurde von *Holdaway* [1] geleistet, der eine theoretische Kraft-Dehnungs-Kurve für eine gekräuselte Faser ableitete. Der Nachteil dieser Theorie besteht darin, daß infolge der vorausgesetzten Nichtdehnbarkeit der Faser kein definierter Ausdruck für die Entkräuselungskraft anfällt. *Brand* und *Backer* [2] gaben einen Überblick über die bisher vorliegenden Kräuselungstheorien für Bikomponentenfasern. Die meisten Autoren benutzen als Modell die Theorie von *Timoshenko*, die ursprünglich für den Bimetallstreifen entwickelt wurde. Trotz der Versuche, die Gültigkeit dieser Theorie auf unterschiedliche Querschnittsformen und Komponentenverteilungen auszuweiten, ist festzustellen, daß der sehr wichtige Fall des kreisförmigen Querschnitts mit variabler Verteilung zweier Komponenten mittels dieser Theorie nicht behandelt werden kann.

Im ersten Teil der vorliegenden Arbeit wird eine Theorie für die Kraft-Dehnungs-Kurve einer Schraubenfeder entwickelt. In dieser Theorie werden die Gleichgewichtsbedingungen einer belasteten Schraubenfeder benutzt, um zwei unabhängige Gleichungen zu erhalten, die für verschiedene Schraubenlinien als Funktion der aufgebrachten Spannung gelöst werden können, wenn die grundlegenden Materialparameter bekannt sind.

Für den Belastungsversuch an gekräuselten Fasern setzen wir ein lineares elastisches Verhalten der Polymeren voraus. Die Dehnbarkeit der Fasern wird berücksichtigt, so daß wir einen bestimmten, endlichen Wert für die Entkräuselungskraft erhalten. Der zweite Teil der Arbeit befaßt sich mit der Analyse des Kräuselungsprozesses.

Als Ergebnis wird eine Theorie vorgelegt, die auf übliche Querschnittsformen und Polymerverteilungen angewendet werden kann; die einzige Begrenzung dieser Theorie ist durch die Annahme kleiner Schrumpfkoeffizienten (bis etwa 10%) gegeben. Diese Theorie liefert ein Modell zur Berechnung des Gleichgewichts-Kräuselungsradius bei flachen Windungen[1]).

[1]) Wörtlich: collapsed loops.

Die Ergebnisse werden einer experimentellen Überprüfung unterzogen.

2. Die Spannungs-Dehnungs-Kurve einer Schraubenfeder

2.1. Theorie

Für die Schraubenfeder wurden folgende Annahmen gemacht:

1. kleines Verhältnis von Faserdurchmesser zu unbelastetem Windungsradius,
2. keine relative Verdrehung der Schraubenenden,
3. die Schraubenenden können eine Rotation um die Schraubenachse ausführen.

Die Annahme 3 stimmt nicht mit den wahren Bedingungen des Faserbelastungsversuchs überein, da dabei Drehungen dieser Art nicht möglich sind. Jedoch führt die Berücksichtigung dieser Behinderung zu sehr unsicheren Lösungen der Belastungsgleichungen, während sich durch gewisse Änderungen in den Randbedingungen sofort günstigere Lösungen ergeben, die praktisch mit der Lösung des Freiendenmodells übereinstimmen.

Die Gleichungen für die unbelastete Schraubenfeder lauten:

$$x = a \cdot \varrho_0 \cdot \cos \vartheta,$$
$$y = a \cdot \varrho_0 \cdot \sin \vartheta, \qquad (1)$$
$$z = a \cdot \gamma_0 \cdot \vartheta.$$

Dabei ist a der Faserradius, ϱ_0 der Windungsradius, gemessen in Einheiten von a, und $a\gamma_0$ die vertikale Federverschiebung bei einer Verdrehung um einen Einheitswinkel.

Man erhält für die spezifische Krümmung C und die Torsion t

$$p_0 = C \cdot a = \frac{\varrho_0}{\varrho_0^2 + \gamma_0^2}, \tag{2}$$

$$q_0 = t \cdot a = \frac{\gamma_0}{\varrho_0^2 + \gamma_0^2}. \tag{3}$$

Nach Aufbringen einer axialen Belastung ergibt sich ein kleinerer Radius und eine größere Steigung:

$$r = \varrho \cdot a, \tag{4}$$

$$P = 2\pi \cdot a \cdot \gamma. \tag{5}$$

Hinsichtlich der Gleichgewichtsbedingungen ist anzunehmen, daß der Querschnitt der Schraubenfeder drei Kraftwirkungen unterliegt, und zwar durch die Axialkraft $\boldsymbol{T}$, das Biegemoment $\boldsymbol{M_f}$ in Richtung der Binormale $\boldsymbol{b}$ und das Torsionsmoment $\boldsymbol{M_t}$ in Richtung der Fasertangente $\boldsymbol{t}$.

Damit die Schraubenenden frei um die Schraubenachse rotieren können, ohne daß sich Instabilitätseffekte ergeben, muß man sich vorstellen, daß die Belastung $\boldsymbol{T}$ auf eine entsprechend vorbereitete Probe aufgebracht wird, die aus einer Schraubenfeder mit großer Windungsanzahl und zwei beiderseits an den Enden anschließenden sehr langen Fasern besteht (Bild 1). Auf diese Weise können die Federenden frei rotieren, da die beiderseitigen Faserabschnitte wegen ihrer Länge nur ein sehr kleines Torsionsmoment ergeben.

Wird die Probe in den Punkten S und F geschnitten, wobei F auf der geraden Faser und S innerhalb des schraubenförmigen Bereichs liegt, und werden für den Abschnitt SF die Gleichgewichtsbedingungen angewendet, so ist das Kräftegleichgewicht dann erfüllt, wenn man annimmt, daß die Kraft T in allen Querschnitten der Probe wirksam ist.

Für die Momentengleichung wird der Koordinatenursprung als Bezugspunkt gewählt. Im Punkt F liegt kein Moment vor, bei S hingegen ein Biegemoment $\boldsymbol{M_b}$, ein Torsionsmoment $\boldsymbol{M_t}$ und das Moment der Kraft $\boldsymbol{T}$. Für Punkt S gilt die folgende Vektorgleichung:

$$|\boldsymbol{M}_t|\,\boldsymbol{t} + |\boldsymbol{M}_f|\,\boldsymbol{b} + \boldsymbol{r} \cdot \boldsymbol{T} = 0; \tag{6}$$

$\boldsymbol{r}$ ist der Radiusvektor vom Koordinatenursprung zum Punkt S. Für die Tangente und Binormale einer belasteten Feder läßt sich schreiben:

$$\boldsymbol{t} = (p^2 + q^2)^{-1/2}(-p \cdot \sin\vartheta \cdot \boldsymbol{e}_1 + p \cdot \cos\vartheta \cdot \boldsymbol{e}_2 + q \cdot \boldsymbol{e}_3), \tag{7}$$

$$\boldsymbol{b} = (p^2 + q^2)^{-1/2}(q \cdot \sin\vartheta \cdot \boldsymbol{e}_1 - q \cdot \cos\vartheta \cdot \boldsymbol{e}_2 + p \cdot \boldsymbol{e}_3). \tag{8}$$

Dabei sind p/a bzw. q/a die spezifische Krümmung und Torsion der belasteten Feder.

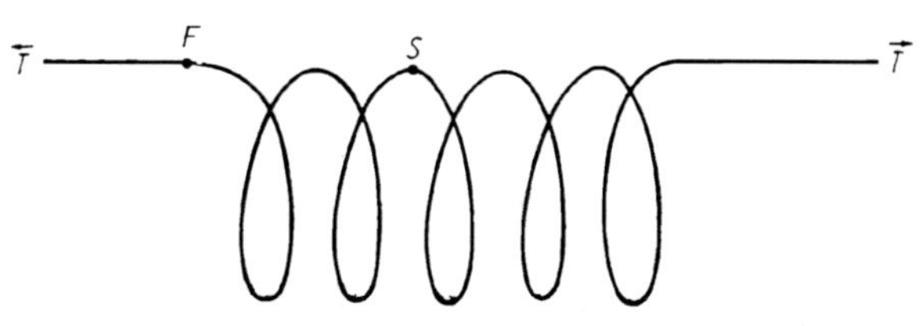

Bild 1. Probenmodell

Unter Benutzung von Gleichung (7) und (8) erhält man aus (6) zwei unabhängige skalare Gleichungen:

$$(p^2 + q^2)^{-1/2}(M_t \cdot p - M_f \cdot q) + T \cdot a \cdot \varrho = 0,$$

$$M_t \cdot q + M_f \cdot p = 0. \tag{9}$$

Man kann nun grundlegende Beziehungen für M_t und M_f festlegen. Aus Annahme 2 ergibt sich:

$$M_t = R_t \cdot \pi \cdot a^3(q_0 - q),$$

$$M_f = R_f \cdot \pi \cdot a^3(p_0 - p). \tag{10}$$

Hierin bedeuten R_t und R_f Größen, die von der Geometrie des Faserquerschnitts und der Polymerkomponentenverteilung abhängen (wir bezeichnen sie als Torsions- und Biegesteifigkeit). Setzt man Gleichung (10) in (9) ein und formt um, so erhält man:

$$\lambda(\lambda - 1) = s \cdot k(l - k),$$

$$\frac{(\lambda - 1)(k^2 + \lambda^2)^{3/2}}{k^2} = B \cdot s \cdot \tau. \tag{11}$$

Darin sind $\lambda = q/q_0$ das Verhältnis von belasteter zu unbelasteter Federdrehung, $k = p/q_0$ das Verhältnis von belasteter Federkrümmung zu unbelasteter Federdrehung, $B = E/R_f \cdot q_0^2$, E der effektive *Young*-Modul, ferner

$$l = \frac{\varrho_0}{\gamma_0} = \frac{p_0}{q_0}, \quad \tau = \frac{T}{E \cdot \pi \cdot a} \quad \text{und} \quad s = \frac{R_f}{R_t}.$$

Zu den Gleichungen (11), die die Kraft als Funktion von k und λ angeben, muß ein Ausdruck, der die Beziehung zwischen der Federdehnung und den vorher definierten Federvariablen k und λ herstellt, addiert werden:

$$L = \frac{L_0(l + 1)^{1/2}\lambda}{(k^2 + \lambda^2)^{1/2}}\left[1 + \frac{\lambda \cdot \tau}{(k^2 + \lambda^2)^{1/2}}\right]. \tag{12}$$

Darin berücksichtigt der zweite Teil in Klammern die Faserdehnbarkeit; L_0 ist die unbelastete Federlänge, L die belastete Federlänge. Die Gleichungen (11) und (12) müssen nun gelöst werden, um eine explizite Beziehung zwischen L und τ zu erhalten.

Für jeden Wert von k, der zwischen 1 — für die unbelastete Feder — und 0 — dem Grenzwert für die völlig entkräuselte Faser — liegt, ergibt die zweite Gleichung von (11) einen entsprechenden Wert für λ. Die so erhaltenen k- und λ-Werte sind in der ersten Gleichung von (11) zu substituieren und führen zu entsprechenden Werten für τ. Das Einsetzen dieser k-, λ- und τ-Werte in (12) ergibt den Wert für L. Auf diese Weise können wir τ in Abhängigkeit von L darstellen.

τ ist im allgemeinen im ganzen Entkräuselungsbereich und sogar darüber hinaus klein ($\approx 10^{-2}$). Jedoch ist das Vorhandensein von τ in Gleichung (12) von entscheidender Bedeutung, da es als Entkräuselungskraft angesehen werden kann.

Um die Entkräuselungskraft annähernd zu schätzen, sind einige Vereinfachungen nötig.

Zunächst sei die Entkräuselungskraft τ_D als die Kraft definiert, die eine völlige Streckung der Faser auf die Länge L_D bewirkt:

$$L_D = (1 + l^2)^{1/2} L_0. \tag{13}$$

Für $L \approx L_D$ kann man annehmen, daß die Faser praktisch gestreckt ist; das bedeutet $k \approx 0$, $\lambda \approx 1$, so daß in Anbetracht der geringen Größe von τ die Gleichung (12) in eine vereinfachte Form überführt werden kann:

$$L = \frac{L_0 (l^2 + 1)^{1/2} \lambda}{(k^2 + \lambda^2)^{1/2}} (1 + \tau). \tag{14}$$

Diese Gleichung ist also gültig für kleinere Faserdehnungen, wobei der Einfluß von τ in (12) vernachlässigbar ist. Aus (14) erhält man: $k = g \cdot \lambda$ mit

$$g = \frac{1}{\mu} [(1 + \tau)^2 - \mu^2]^{1/2},$$

wobei

$$\mu = \frac{L}{L_0 (1 + l^2)^{1/2}}$$

ist.

Durch Substituieren in (11) erhält man die einfache Gleichung

$$\frac{(l - g)(l \cdot s \cdot g + 1)(1 + g^2)^{3/2}}{(1 + s \cdot g^2)^2} = g \cdot B \cdot \tau, \tag{15}$$

die in einer impliziten Form eine Beziehung zwischen τ und L/L_0 ausdrückt.

Für $\mu = 1$, d. h. für $L = L_D$, kann man auf der linken Seite von Gleichung (15) $g = 0$ setzen, jedoch nicht auf der rechten, weil B groß ist ($\approx 10^2$), so daß eine Näherung höherer Ordnung erforderlich ist.

Mit $g = \sqrt{2\tau}$ wird Gleichung (15) zu $\sqrt{2} \cdot B \cdot \tau_D^{3/2} = l$ und die Entkräuselungskraft τ_D zu

$$\tau_D = \left(\frac{l}{\sqrt{2}B}\right)^{2/3}. \tag{16}$$

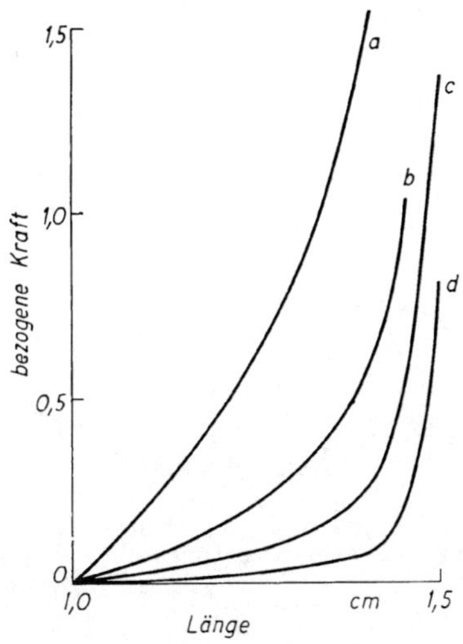

Bild 2. Kraft-Dehnungs-Kurve für verschiedene Faserdurchmesser
a) 0,026 cm, b) 0,020 cm, c) 0,016 cm, d) 0,012 cm

Der so berechnete Wert stimmt mit dem exakten Wert mit einer Abweichung von einigen Prozent überein.

2.2. *Experimenteller Teil*

Als Beispiel für unsere Theorie bringen wir drei Darstellungen von Schraubenfedern gleicher Länge (1 cm) mit dem Verhältnis von Torsions- zu Biegesteifigkeit = 2:1. Bild 2 zeigt die Kraft-Dehnungs-Kurven für Schraubenfedern vom Durchmesser 0,02 cm und einer Steigung von 0,06 cm bei verschiedenen Faserdurchmessern. Die Kraft ist auf die Entkräuselungskraft der Faser mit einem Durchmesser von 0,002 cm bezogen. Wie erwartet, wird beim Vergrößern des Faserdurchmessers die Faser härter und die Änderung des Moduls während der Dehnung geringer. Die Bilder 3 und 4 zeigen Kraft-Dehnungs-Kurven für Schrauben-

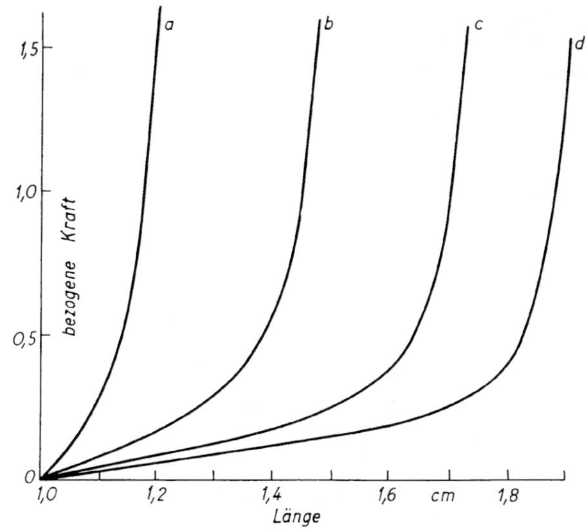

Bild 3. Kraft-Dehnungs-Kurve für verschiedene Windungsdurchmesser
a) 0,12 cm, b) 0,20 cm, c) 0,26 cm, d) 0,30 cm

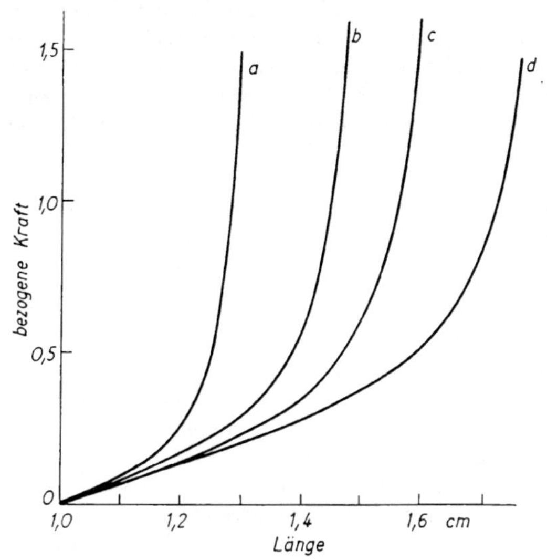

Bild 4. Kraft-Dehnungs-Kurve für verschiedene Windungssteigungen
a) 0,08 cm, b) 0,06 cm, c) 0,052 cm, d) 0,044 cm

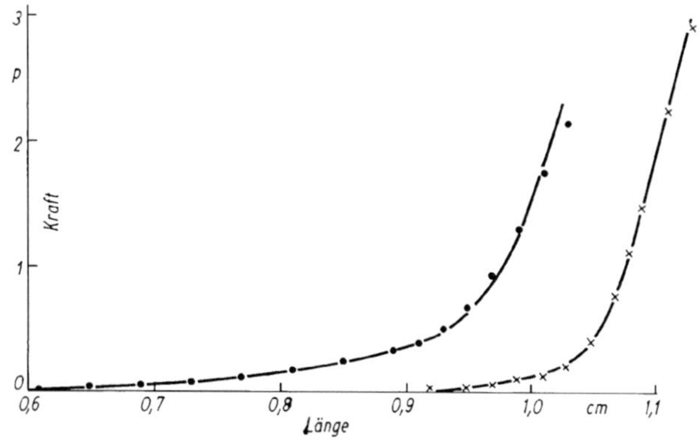

Bild 5. Theoretische Kraft-Dehnungs-Kurven (durchgehender Kurvenzug), angepaßt an die experimentellen Meßwerte (×, •)

federn mit verschiedenem Windungsdurchmesser bei konstanter Steigung (0,06 cm) bzw. unterschiedlicher Steigung bei konstantem Windungsdurchmesser (0,02 cm). Der Faserdurchmesser blieb konstant (0,002 cm).

Der Anfangsmodul spricht viel empfindlicher auf eine Änderung des Windungsdurchmessers als auf eine Änderung der Steigung an, wie aus den Bildern 3 und 4 zu ersehen ist.

Ein Vergleich zwischen den theoretischen Kurven und den experimentellen Ergebnissen wurde durchgeführt. Als Schraubenfedern wurden in diesem speziellen Fall gekräuselte Fasern mit kreisförmigem Querschnitt verwendet. Die beiden symmetrischen Hälften der Fasern wurden aus Polymeren verschiedener Viskosität gebildet.

Nach dem Recken wurde die Kräuselung der Bikomponentenfasern unter leichter Vorspannung entwickelt.

Die Kraft-Dehnungs-Kurve wurde am Instron-Dynamometer bei konstanter Dehngeschwindigkeit (10%/min) aufgenommen. Die theoretische Kurve wurde der experimentellen lediglich durch Anpassung der Materialparameter angeglichen. Bild 5 zeigt zwei auf diese Weise erhaltene experimentelle Kurven.

Das Anpassen der Materialparameter führt zu geringeren Werten für das Verhältnis der Steifigkeiten ($s \approx 0{,}5$).

2.3. Kräuselung von Bikomponentenfasern in Form von geschlossenen Windungen

Folgende Annahmen wurden gemacht:

1. Der Faserquerschnitt hat wenigstens eine Symmetrieachse (x-Achse in Bild 6).
2. Die Schrumpfkoeffizienten sind $\eta_1 = \Delta l_1/l_1$ und $\eta_2 = \Delta l_2/l_2$ ($\eta_2 > \eta_1$), wobei l_1 und l_2 die separaten Anfangslängen der zwei Komponenten vor dem Schrumpfen sind. η_1 und η_2 sollen klein sein im Vergleich zu dem Schrumpfkoeffizienten, der zu einem gegenüber dem mittleren Querschnittsdurchmesser viel größeren Gleichgewichts-Krümmungsradius gehört.
3. Es wird angenommen, daß das *Poisson*-Verhältnis beider Materialien sehr gut übereinstimmt.

Ziel dieses Teils ist es, den Gleichgewichts-Krümmungsradius als Funktion der Schrumpfkoeffizienten η_1, η_2, des Verhältnisses der beiden Moduln $m = E_2/E_1$ und der Querschnittsgeometrie zu bestimmen.

Um die Berechnungen zu vereinfachen, soll dieses Problem für eine Bikomponentenfaser gelöst werden, bei der das Material 1 nicht und das Material 2 um den Betrag $\eta = \eta_2 - \eta_1$ schrumpft. Die Lösung dieses modifizierten Problems entspricht der Lösung des wirklichen, wenn der Rahmen einer linearen Theorie nicht verlassen wird (kleine Beträge von η_1 und η_2; Annahme 2). Legt man den Koordinatenursprung in den Massemittelpunkt des Querschnitts (Bild 6), so zeigt die positive x-Achse zum Bereich 1 hin, dessen Material in Übereinstimmung mit unserem modifizierten Modell keine Schrumpfung erfährt.

Bezüglich der Struktur wird angenommen, daß sie selbst nach der Schrumpfung mit der der geraden Faser übereinstimmt. Es ist keine Ruhestruktur, da im Bereich 2 eine Spannung aufzubringen ist, um eine gestreckte Faser zu erhalten. Wenn man von dieser Struktur ausgeht, so müssen die Spannungs-Dehnungs-Beziehungen modifiziert werden, um die Streckung des Materials 2 zu ermöglichen. Für die axiale Spannung im Bereich 2 [3] besteht die Beziehung

$$\sigma_z = E_2 u_{zz} + E_2 \cdot \eta, \tag{17}$$

worin σ_z die axiale Spannung, E_2 der *Young*-Modul für das Material 2 und u_{zz} die axiale Dehnung ist.

Unter der Annahme der endlosen Länge der Faser und wegen Übereinstimmung des *Poisson*-Verhältnisses ist zu folgern, daß jeder ebene Querschnitt bei der Deformierung eben bleibt und daß als einzige nicht verschwindende Spannungskomponente eine axiale Spannung σ_z vorliegt.

Aus Gleichung (17) erhält man bei Anwendung der klassischen Biegetheorie:

$$\begin{aligned} \sigma_z(x) &= E_1 C (x + \delta) && \text{(Material 1)}, \\ \sigma_z(x) &= E_2 C (x + \delta) + E_2 \eta && \text{(Material 2)}, \end{aligned} \tag{18}$$

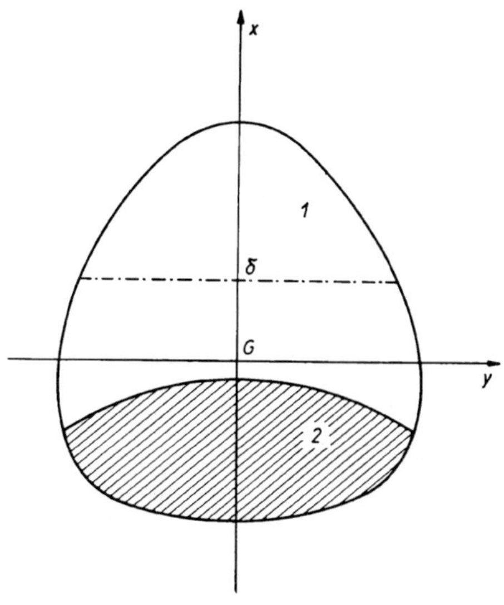

Bild 6. Allgemeine Form eines Faserquerschnitts

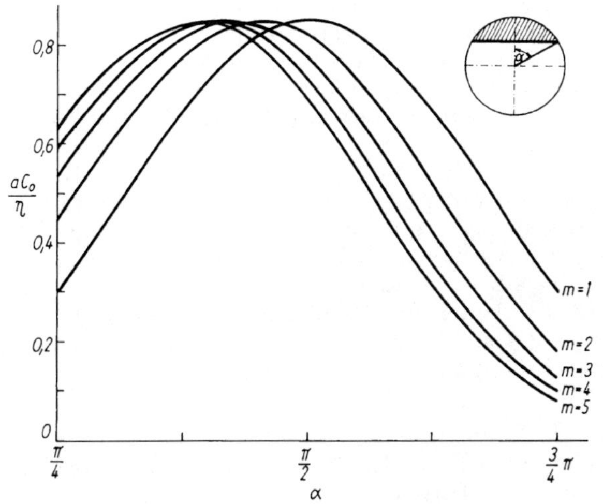

Bild 7. Normierte Gleichgewichts-Biegekrümmungen für ebene Grenzflächen zwischen den Polymerkomponenten

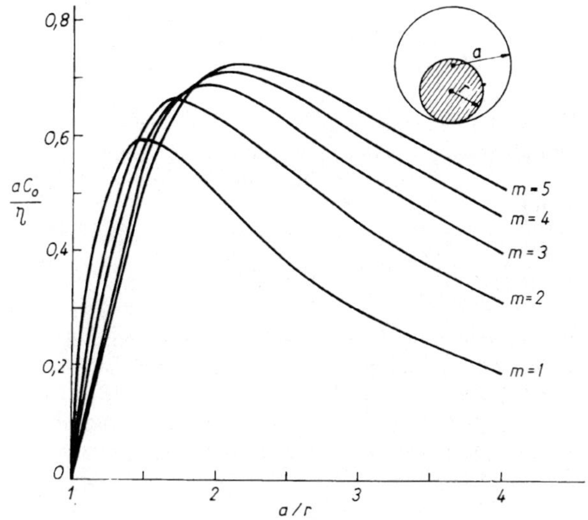

Bild 8. Normierte Gleichgewichts-Biegekrümmungen für zylindrische Grenzflächen zwischen den Polymerkomponenten

wobei E_1, E_2 die *Young*-Moduln und $C = 1/R$ die Gleichgewichts-Biegekrümmung sind und ferner δ als Betrag für eine unbekannte Verschiebung der neutralen Achse angenommen wird.

δ und C können unter der Vorgabe berechnet werden, daß die resultierende Axialspannung und das Biegemoment im Gleichgewichtsfall überall gleich Null werden. Nach der Integration über den Querschnitt erhält man aus der Bedingung für das Verschwinden der resultierenden Spannung

$$C \cdot \delta = \frac{(m-1) \cdot C \cdot X_{G2} - m \cdot \eta}{m + S^2 - 1}. \tag{19}$$

Darin sind $m = E_2/E_1$ das Verhältnis der beiden Moduln, X_{G2} der Abstand vom Koordinaten-Nullpunkt zum Massemittelpunkt der geschrumpften Fläche A_2 und S^2 das Verhältnis A/A_2 der ganzen Querschnittsfläche $(A = A_1 + A_2)$ zur geschrumpften Fläche.

Aus der Bedingung, daß das Biegemoment verschwindet, ergibt sich ferner für die Krümmung C:

$$C = \frac{\eta \cdot m \cdot X_{G2} \cdot S^2}{[S^2 \cdot \varrho_t{}^2 + (m-1) \cdot \varrho_{2t}^2](m + S^2 - 1) - X_{G2}^2 \cdot (m-1)^2}, \tag{20}$$

worin ϱ_t der axiale Krümmungsradius des Faserquerschnitts und ϱ_{2t} der Krümmungsradius der geschrumpften Fläche, bezogen auf die y-Achse (Bild 6), sind.

Gleichung (20) wurde auf zylindrische Fasern mit zwei wichtigen geometrischen Polymerkomponentenverteilungen angewendet (Bilder 7 und 8). Die Biegekrümmung in Einheiten von η/a ist in beiden Fällen als Funktion der relativen Verteilung der Polymerkomponenten für verschiedene Werte des Modul-Verhältnisses $m = E_2/E_1$ grafisch dargestellt. Aus den Bildern 7 und 8 geht hervor, daß die Komponentenverteilung nach Bild 7 über einen beträchtlich weiteren Bereich des Verhältnisses m zu hohen C-Werten führt.

Die Kräuselung in Form von geschlossenen Windungen kommt selten vor; trotzdem sind die Werte, die so für die Gleichgewichtsradien der Krümmung erhalten wurden, eine gute Näherung für den Windungsradius im Fall einer schraubenförmigen Kräuselung.

2.4. Kräuselung in Schraubenlinienform

Um eine Stabilität während des Schrumpfens zu erreichen, ist es notwendig, die Faser unter einer geringen definierten Spannung zu halten. Fehlt diese Spannung, so gibt das unkontrollierte Schrumpfen Anlaß zu vorwiegend nicht voraussagbaren, zeitabhängigen Spannungen, die ein plastisches Deformieren der Fasern zu sehr groben, unregelmäßigen Formen bewirken. Eine Belastung von etwa 0,2 mg ist völlig ausreichend, um eine Stabilität hinsichtlich Steigung und Windungsradius zu erzielen.

Eine vollständige Theorie des Kräuselungsprozesses sollte auf der Grundlage von mikrostrukturellen physikalischen Betrachtungen entwickelt werden. Gegenwärtig sind wir nicht in der Lage, mit einer solchen Analyse aufzutreten; trotzdem können wir einige nützliche Bemerkungen zu den tatsächlichen Werten des Kräuselungsradius und der Steigung machen, indem wir die oberen und unteren Grenzen festlegen, die die Werte annehmen können.

Die im vorhergehenden Abschnitt entwickelte Theorie gestattet es, den Gleichgewichts-Kräuselungsradius von Bikomponentenfasern, deren Komponenten unterschiedlich schrumpfen, zu berechnen. Diese Theorie sieht als Ausgangsform in der Projektion eine Schraubenfeder mit verschwindender Steigung der Windungen vor. Diese Form würde vielleicht erreicht werden, wenn der Schrumpfprozeß quasistatisch erfolgen könnte. Das ist physikalisch unmöglich, da das Schrumpfen unter den Bedingungen mechanischer Instabilität geschieht, so daß die Faser dynamisch nachgibt, bevor sie den Gleichgewichtszustand erreicht. Jedoch nehmen wir an, daß es möglich ist, die ausgeglichene Krümmung wenigstens lokal zu erreichen. Die Werte für Radius und Steigung der Schraubenlinienform hängen vom Kräuselungsprozeß ab und können nicht ohne weiteres vorausgesagt werden.

Unter der Voraussetzung aber, daß die spezifische Krümmung ihren Gleichgewichtswert erreichen muß, erhält man zwischen Radius und Steigung die Beziehung

$$p_0 = \frac{\varrho_0}{\varrho_0^2 + \gamma_0^2}. \tag{21}$$

Wird Gleichung 21 in einem Koordinatennetz mit den Achsen ϱ_0 und γ_0 grafisch dargestellt, so ergibt sich ein Kreis mit dem Durchmesser $1/p_0$, der auf der Achse $\gamma_0 = 0$ liegt und durch den Ursprung geht. Für ϱ_0 und γ_0 bestehen dann folgende Grenzen

$$0 \leqq \gamma_0 \leqq \frac{1}{2p_0}; \quad 0 \leqq \varrho_0 \leqq \frac{1}{p_0} \tag{22}$$

Es ist festzustellen, daß der zulässige Bereich für Radius und Steigung durch den Wert der Gleichgewichts-Krümmung p_0 bestimmt wird, wie bereits zuvor berechnet wurde.

Dieses legt den Weg nahe, die geometrischen Parameter der Kräuselung (Schraubenfeder) durch selektive Auswahl des Querschnitts und der Polymerkomponentenverteilung in den Fasern zu lenken.

3. Schlußbemerkungen

Um die theoretischen und experimentellen Spannungs-Dehnungs-Kurven einander anzupassen, war es notwendig, einen ungewöhnlich kleinen Wert für das Verhältnis von Biege- zu Torsionssteifigkeit ($s = 0{,}5$ bis $0{,}6$) einzuführen. Dieser Wert liegt beträchtlich unter dem gewöhnlich erwarteten Wert ($s \approx 2$) für das Verhältnis der Steifigkeiten in gereckten homogenen Fasern. Dieses überraschende Verhalten kann auf starken Faserinhomogenitäten und evtl. auf der Materialvorgeschichte beruhen. Die experimentellen Spannungs-Dehnungs-Kurven zeigen bei hohen Dehnungen eine steigende Abweichung vom linearen elastischen Verhalten, das auf das plastische Nachgeben des Materials zurückzuführen ist.

Danksagung

Wir möchten Herrn Dr. *W. Conti* für seine hilfreichen Diskussionen danken.

Literatur

[1] *Holdaway, H. W.*; A helical spring model for the uncrimping of wool fibres. J. Textile Inst. **47** (1956) 11, S. T 587—T 602.
[2] *Brand, R. H.*, und *Backer, S.*: Mechanical principles of natural crimp of fiber. Textile Res. J. **32** (1962) 1, S. 39 bis 49.
[3] *Landau, L. D.*, und *Lifshitz, E. M.*: Die Elastizitätstheorie, Pergamon Press 1959.

Eingegangen am 9. Juli 1971.

Untersuchungen zur Quellung und Lösung von Cellulose in aminhaltigen Flüssigkeitsgemischen

1. Mitt.: Literaturübersicht und Untersuchungen zum Verhalten von Cellulose in Gemischen von SO_2 und Diäthylamin mit einer organischen Flüssigkeit[1])

Burkart Philipp, Harry Schleicher und Ilse Laskowski
Deutsche Akademie der Wissenschaften zu Berlin, Institut für Faserstoff-Forschung in Teltow-Seehof

DK 661.728 :532.73—3 :532.77 :66.062.182:66.062.851 :541.123.3

Die Auflösung von Cellulose in Lösungen von SO_2 und Diäthylamin in verschiedenen organischen Flüssigkeiten wird beschrieben und für das System SO_2/Diäthylamin/Acetonitril der Einfluß von Lösungsmittelzusammensetzung, Lösetemperatur und -zeit sowie von DP und übermolekularer Struktur der Cellulose auf den Löseprozeß angegeben.

Исследование набухания и растворения целлюлозы в содержащих амины смесях жидкостей

Сообщ. 1—е. Обзор литературных данных и исследование поведения целлюлозы в смесях SO_2 и диэтиламина с другой органической жидкостью

Описано растворение целлюлозы в растворах SO_2 и диэтиламина в различных органических жидкостях. Для системы SO_2/диэтиламин/ацетонитрил приведено влияние состава растворителя, температуры и времени растворения, а также СП и надмолекулярной структуры целлюлозы на процесс растворения.

Investigations of Swelling and Dissolution of Cellulose in Amine-containing Mixed Liquids

1st Comm.: Literature Report and Investigations of the Behaviour of Cellulose in Mixtures of SO_2 and Diethylamine with an Organic Liquid

The dissolution of cellulose in solutions of SO_2 and diethylamine in various organic solvents is described. The effects of solvent composition, temperature and time of dissolution as well as DP and supramolecular structure of the cellulose on the dissolving process have been investigated with the system SO_2/diethylamine/acetonitrile.

[1]) Auszug aus Diplomarbeit *Ilse Laskowski*, Humboldt-Universität Berlin 1970.

Philipp, Schleicher und *Laskowski:* Untersuchungen zur Quellung und Lösung von Cellulose in aminhaltigen Flüssigkeitsgemischen. 1. Mitt.

1. Einführung und Literaturübersicht

Alle bisher bekannt gewordenen Löseprozesse für Cellulose basieren auf zwei nacheinander ablaufenden Teilschritten, nämlich erstens einer unter Sprengung der H-Brücken auch in den Bereichen höheren Ordnungsgrades an den Hydroxylgruppen erfolgenden Verbindungsbildung und zweitens einer daran anschließenden Auflösung dieser Verbindung bis zur frei beweglichen Einzelkette in einem geeigneten Lösungsmittel. Die Stabilität der zunächst gebildeten Verbindung kann dabei recht unterschiedlich sein; sie umfaßt den weiten Bereich von stabilen Estern und Äthern der Cellulose über mit einigem experimentellem Aufwand isolierbare Komplexverbindungen der Cellulose, z. B. beim Löseprozeß in Cuoxam oder EWNN, bis hin zu nur bei großem Reagenzüberschuß existenzfähigen losen Additionsverbindungen mit manchen Mineralsäuren und anorganischen Salzen. Die Bildung und Auflösung stabiler Hauptvalenzderivate (z. B. „homogene Acetylierung") soll für die folgenden Überlegungen ausgeklammert und nur diejenige Art von Löseprozessen im engeren Sinne betrachtet werden, bei denen die Cellulose nach Ausfällung chemisch unverändert vorliegt, die intermediär entstandene Komplex- oder Additionsverbindung also relativ instabil ist. Während für diese Art von Löseprozessen heute zahlreiche gut untersuchte Beispiele auf Basis wäßriger Systeme als Reaktionsmedium, Reagens und Lösungsmittel bekannt sind, über die an anderer Stelle ein Überblick gegeben wird [1], gibt es bisher nur verhältnismäßig wenige Publikationen, in denen über eine Auflösung von Cellulose in nichtwäßrigen Medien berichtet wird.

Der folgende Überblick soll, unterteilt nach Ein- und Mehrkomponentensystemen, die wesentlichen Ergebnisse kurz zusammenfassen.

Obwohl Ammoniak, Hydrazin, primäre aliphatische Diamine bis zum Octamethylendiamin und primäre aliphatische Monoamine bis zum n-Heptylamin auch in die röntgenkristallinen Bereiche der Cellulose eindringen und dort unter Änderung des Röntgenbeugungsbildes und starker Quellung Additionsverbindungen bilden, lösen sich diese nicht im Überschuß des Quellmittels. Als N-haltige Einkomponentensysteme, die Cellulose zu lösen vermögen, wurden in einigen älteren Patentschriften [2] sowie in einer Veröffentlichung von *Husemann* und *Siefert* [3] Schmelzen von N-Benzyl-, N-Alkyl- und insbesondere N-Äthyl–pyridinium-chlorid oder Lösungen dieser Salze in N-haltigen Basen, wie z. B. Pyridin, angegeben. Außerdem soll sich nach *Valdsaar* und *Dunlap* [4] Cellulose unter nur geringem Abbau in wasserfreier Trifluoressigsäure lösen sowie nach einer Mitteilung von *Petrov* [5] auch in Dioxypropylbissulfid, wobei wir dessen Angaben jedoch bei eigenen orientierenden Versuchen mit Dioxypropylbissulfid nicht bestätigen konnten und auch die von *Petrov* angegebenen Viskositätswerte darauf hindeuten, daß es sich hier eher um Suspensionen von Cellulosefasern und nicht um echte Celluloselösungen handelt.

Die Anwendung von Zwei- und Mehrkomponentensystemen als Lösungsmittel eröffnet zusätzliche Möglichkeiten, nicht allein durch die wesentlich größere Zahl denkbarer Variationen und Kombinationen, sondern auch dadurch, daß beide Komponenten unterschiedliche Funktionen im Löseprozeß wahrnehmen können, indem beispielsweise die eine zur Solvat- bzw. Komplexbildung mit den Hydroxylgruppen dient, während die andere als Lösungsmittel für diesen Komplex wirkt. So berichtete *Scherer* [6], daß flüssiges Ammoniak, welches Zusätze von Ammoniumrhodanid, Natriumrhodanid, Natriumnitrat oder Natriumjodid gelöst enthält, ein gutes Lösungsmittel für regenerierte wie für native Baumwollcellulose ist. *Meyer*, *Studer* und *van der Wyk* [7] stellten fest, daß niedermolekulare, regenerierte Cellulose in Pyridin bei Zusatz von Chloral, verschiedenen Phenolen oder von Salzen löslich ist.

Einige Arbeiten behandeln die Auflösung von Cellulose in Stickstoffoxiden bzw. Nitrosylchlorid in Gegenwart einer polaren Zweitkomponente. Von *Fowler*, *Unruh*, *McGee* und *Kenyon* [8] wurden als wirksame Zusatzstoffe zur Auflösung von Cellulose in flüssigem N_2O_4 u. a. Nitroparaffine, aromatische Nitroverbindungen, Sulfone, Nitrile und verschiedene Ester genannt. Für Acetonitril/N_2O_4-Gemische wurden zwei lösend wirkende Konzentrationsbereiche, nämlich 10 bis 30% N_2O_4 und 70 bis 90% N_2O_4 gefunden, während im dazwischenliegenden Bereich nur Quellung eintritt.

In einigen Patenten [9] wird die Herstellung von Cellulosespinnlösungen unter Verwendung von Dimethylsulfoxid und N_2O_4 geschützt.

Schweiger [10] beschreibt die Auflösung der Cellulose in Lösungen von N_2O_4 bzw. Nitrosylchlorid in Dimethylformamid oder Dimethylacetamid, wobei kein wesentlicher Abbau der Cellulose stattfinden soll.

Nach Angaben von *Hata* und *Yokota* [11] sowie einigen Patentschriften [12] ist flüssiges Schwefeldioxid in Gegenwart von sekundären oder tertiären aliphatischen Aminen oder von Piperidin als Celluloselösungsmittel geeignet. Unter nur geringem Abbau während des Löseprozesses erhielten die Autoren mit Ramie, Baumwolle oder Chemiezellstoffen als Ausgangsmaterial klare, hellrote, viskose Lösungen, die auch bei tagelangem Aufbewahren bei Raumtemperatur nicht koagulierten und sich durch einen Naß- oder Trockenspinnprozeß zu Modellfäden verformen ließen [11]. Eigene Untersuchungen hatten ergeben, daß Lösungen von Schwefeldioxid in Dimethylsulfoxid oder Dimethylformamid in Gegenwart von Diäthylamin Cellulose zu lösen vermögen [13].

Aufbauend auf diese damaligen eigenen Beobachtungen war das Ziel dieser Arbeit zunächst die Auffindung weiterer cellulosclösender Dreikomponentensysteme aus SO_2, Amin und einer organischen Flüssigkeit, die gegenüber dem von *Hata* und *Yokota* verwendeten Zweikomponentensystem u. a. den Vorteil eines drucklosen Arbeitens bei Raumtemperatur bieten, und daran anschließend die systematische Untersuchung des Einflusses von Lösungsmittelzusammensetzung, Lösetemperatur und -zeit sowie von DP und übermolekularer Struktur der Cellulosenprobe auf den Löseprozeß in dem als geeignet befundenen ternären System SO_2/Diäthylamin/Acetonitril.

Während und nach Abschluß unserer Untersuchungen wurden uns einige japanische Patente [14] bekannt, die ebenfalls die Auflösung von Cellulose in Lösungen von SO_2 und Amin in organischen Flüssigkeiten betreffen.

2. Bemerkungen zur Versuchsmethodik

Für die Untersuchungen wurde, sofern nicht anders vermerkt, ein Fichtensulfitzellstoff mit einem DP von 640 und einem α-Cellulosegehalt von 92% eingesetzt. Die Proben wurden in einer Schlagmühle zerkleinert und vor dem Löseversuch 24 h bei Raumtemperatur konditioniert.

Zur Bereitung der Lösungen wurde zunächst unter Eiskühlung in die als Drittkomponente dienende organische Flüssigkeit SO_2 bis zu einem Gehalt von 30 bis 40% eingeleitet und diese Stammlösung in der Kälte aufbewahrt. Vor dem Löseversuch wurden der SO_2-Gehalt jodometrisch bestimmt, die benötigte Menge der Drittkomponente und die Cellulose zugegeben und nach Verschließen des Lösegefäßes mit einem Rühraufsatz die erforderliche Aminmenge unter Vermeidung örtlicher Überhitzung zugesetzt. Anschließend wurde auf die gewünschte Lösetemperatur temperiert. Sofern nicht anders vermerkt, diente als Aminkomponente Diäthylamin, und es wurden bei einer Rührgeschwindigkeit von 25 U/s jeweils 500 mg Cellulose in 50 ml Lösungsmittelgemisch aufgelöst.

Zur Bestimmung des ungelösten Anteils wurde 5 min bei 4000 U/min zentrifugiert, zweimal mit frisch hergestelltem Lösungsmittelgemisch gewaschen, erneut zentrifugiert und nach gründlichem Waschen mit Wasser getrocknet und gegebenenfalls der Cuoxam-DP ermittelt. Zur DP-Bestimmung am gelösten Anteil wurde die Lösung nach Zentrifugieren unter starkem Rühren in ca. 1 l kaltes Wasser gegossen und nach gründlichem Waschen die Fällung an der Luft getrocknet.

3. *Versuchsergebnisse*

3.1. *Vergleich verschiedener ternärer Flüssigkeitsgemische hinsichtlich ihrer Lösewirkung auf Cellulose*

Unter Beibehaltung von SO_2 als einer Komponente wurden sowohl das Amin als auch die Drittkomponente variiert. Folgende Amine wurden verglichen:

Methylamin	Dimethylamin	Triäthylamin
Propylamin	Diäthylamin	
	Dibutylamin	
	Piperidin	

Während nach dem Ergebnis von *Hata* und *Yokota* [11] in Gegenwart von flüssigem SO_2 eine größere Anzahl niederer sekundärer und tertiärer Amine Cellulose lösen, fanden wir in ternären Systemen mit Acetonitril und Methylenchlorid als Drittkomponente eine ausgesprochene Sonderstellung des Diäthylamins, indem nur mit diesem eine vollständige Auflösung erzielt wurde und alle anderen Amine einschließlich der benachbarten sekundären und des Triäthylamins nur zu einer Quellung bei Rückstandsmengen $> 95\%$ führten.

Als Drittkomponente, die in Verbindung mit Diäthylamin und SO_2 Cellulose zu lösen vermag, eignen sich u. a. Dimethylsulfoxid, Dimethylformamid, Formamid, Acetonitril, Methylenchlorid, Chloroform und Dichloräthan, wobei jedoch bei den einzelnen Flüssigkeiten zur Auflösung der Cellulose unterschiedliche Mindestmengen an SO_2 bzw. Amin erforderlich sind. Während bei Dimethylsulfoxid lediglich etwa 8% SO_2 benötigt werden, sind es bei Methylenchlorid etwa 14% und bei Acetonitril etwa 24%. Auch in der Lösegeschwindigkeit der Cellulose in den verschiedenen Lösungsgemischen gibt es erhebliche Unterschiede, indem in DMSO-haltigen Systemen sich die Cellulose wesentlich schneller löst als beispielsweise in acetonitrilhaltigen Gemischen.

Die Drittkomponente der lösend wirkenden Systeme kann offensichtlich den verschiedensten Verbindungsklassen angehören und wirkt als reine Flüssigkeit sehr unterschiedlich quellend auf Cellulose (Dimethylsulfoxid $\sim 120\%$ Massequellung, Methylenchlorid $< 7\%$), so daß offensichtlich kein Zusammenhang zwischen Quellwirkung als reine Flüssigkeit und Lösewirkung als Komponente im ternären System besteht.

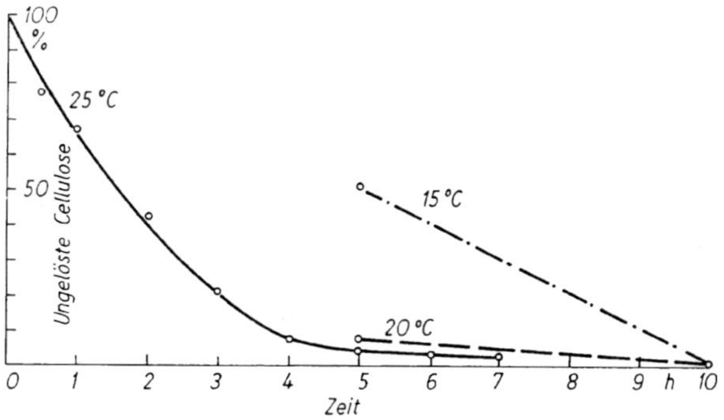

Bild 1a

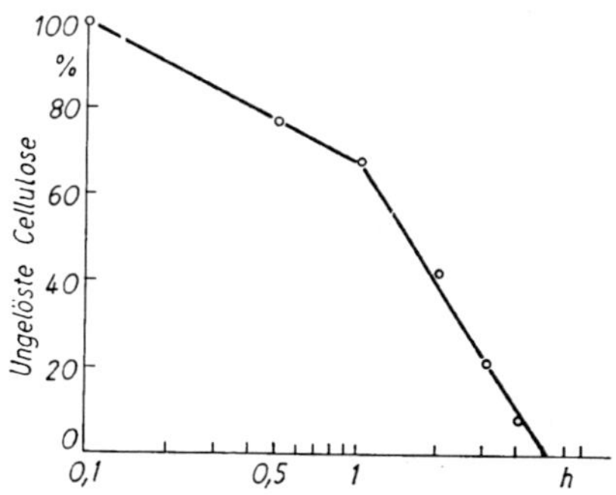

Bild 1b

Bild 1a und b. Einfluß der Lösezeit auf die Rückstandsmenge

3.2. *Untersuchungen zur Auflösung der Cellulose im System SO_2/Diäthylamin/Acetonitril*

3.2.1. *Einfluß von Lösezeit, Lösetemperatur und Rührgeschwindigkeit*

Der Einfluß der Lösezeit auf die Cellulose-Rückstandsmenge wurde in einem eine vollständige Auflösung bewirkenden Gemisch bei 25 °C verfolgt (Bilder 1a und b), wobei einige bei 15 und 20 °C erhaltene Meßpunkte mit eingetragen sind. Entsprechend Bild 1b läßt sich der Löseverlauf durch zwei nacheinander ablaufende Vorgänge erster Ordnung erfassen, wobei die Geschwindigkeitskonstante des langsamen Anfangsstadiums etwa ein Drittel von der des späteren Lösestadiums beträgt. Bemerkenswert erscheinen der recht langsame Löseverlauf und die starke Temperaturabhängigkeit der Lösegeschwindigkeit, die auch in Bild 2 zum Ausdruck kommt, das die gelöste Menge nach 5 h Lösezeit in Abhängigkeit von der Temperatur zeigt. Sowohl für ein vollständig als auch für ein nur teilweise lösendes System wurde unter diesen Bedingungen ein Maximum der Löslichkeit bei 25 °C gefunden. Bei tieferer Temperatur ist offensichtlich noch kein Gleichgewichtswert erreicht, bei höherer Temperatur überwiegen in Übereinstimmung mit Angaben von *Hata* und *Yokota* Nebenreaktionen zwischen dem SO_2 und Amin, die zu einer Löslichkeitsverringerung führen. Zeit- und Temperaturabhängigkeit des Löseprozesses sprechen dafür,

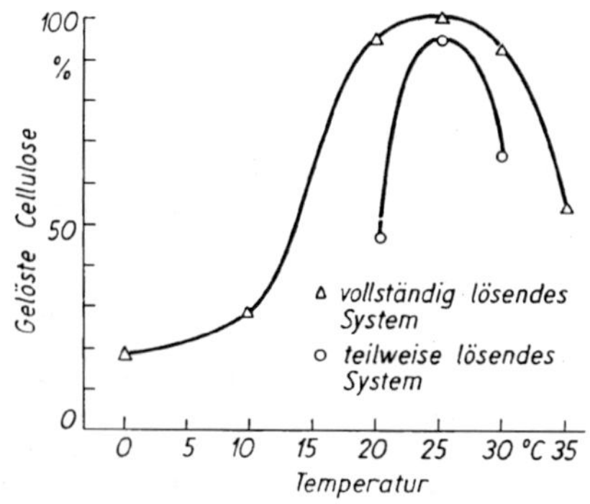

Bild 2. Einfluß der Temperatur auf die Auflösung der Cellulose

Tabelle 1. Einfluß der Rührgeschwindigkeit auf die Rückstandsmenge in einem System aus 28,3% SO_2, 12,4% *Diäthylamin und* 59,3% *Acetonitril bei* 25 °C

Lösezeit min	Rührgeschwindigkeit U/s	ungelöster Rückstand %
90	3	44
90	40	18
120	3	34
120	40	16

daß in erster Linie chemische Reaktionsschritte geschwindigkeitsbestimmend sind. Jedoch spielen daneben auch Transportvorgänge eine Rolle, wie einige Angaben zum Einfluß der Rührgeschwindigkeit auf die Rückstandsmenge in Tabelle 1 zeigen.

3.2.2. Einfluß der Zusammensetzung des Lösungsmittelgemisches

Vorversuche ergaben einen Bereich optimaler Löslichkeit bei etwa 30% SO_2 und 12% Diäthylamin. Bei Amingehalten von 12% und darüber erwies sich eine Mindestkonzentration von etwa 24% SO_2 als notwendig zur vollständigen Auflösung. Eine Verringerung der Aminkonzentration auf etwa 8% ist möglich, wenn dafür der SO_2-Gehalt auf ca. 25% erhöht wird. Die Ergebnisse systematischer Untersuchungen zum Einfluß der Lösungsmittelzusammensetzung auf die Löslichkeit faßt Bild 3 in Dreieckskoordinatendarstellung zusammen, wobei als Konzentrationsmaß die Molbrüche dienten und eine Lösezeit von 5 h bei 25 °C gewählt wurde. Die unter der Bezeichnung „teilweise gelöst" eingetragenen Punkte umfassen dabei den gesamten Bereich der Rückstandsmengen zwischen etwa 10% und 90%; im Gegensatz zu dem unter 3.1 gegebenen Vergleich verschiedener Dreikomponentensysteme lassen

Tabelle 2. Einfluß der Cellulosekomponente auf den Lösevorgang

Lösebedingungen: SO_2*-Gehalt* 28 *bis* 30%, DÄA*-Gehalt:* 12%, *Lösezeit:* 5 h, *Lösetemperatur:* 25 °C

Cellulosepräparate	ungelöste Cellulose %
Baumwolle	100
Zellwolle	100
Mercerisierter Fichtensulfitzellstoff	~86
Baumwolle, hydrolysiert (DP ~ 500)	~5
Fichtensulfitzellstoff (DP = 947)	<5
Fichten-Vorhydrolysesulfatzellstoff (DP = 744)	~5
Buchesulfitzellstoff (DP = 726)	0 (klare Lösung)

sich also durch Variation der quantitativen Zusammensetzung des hier betrachteten Systems beliebige Zwischenwerte der Löslichkeit einstellen. Aus Bild 3 geht hervor, daß zum Erreichen einer vollständigen Lösung der Amingehalt in den Grenzen zwischen 25 und 80 mol%, bezogen auf die eingesetzte SO_2-Menge, liegen muß, also ein gewisser Überschuß an SO_2 vorhanden sein muß.

Der Anteil an Acetonitril im Gesamtgemisch darf dabei ca. 65 mol% nicht überschreiten. Eine optimale Lösewirkung wird hiernach bei einer Zusammensetzung von etwa 25% SO_2 : 12% Amin : 63% Acetonitril entsprechend ca. 3 mol% SO_2 : 1 mol Amin : 10 mol Acetonitril erreicht.

3.2.3. Einfluß der Cellulosekomponente auf den Lösevorgang

Wie aus Tabelle 2 hervorgeht, lassen sich verschiedene Textilzellstoffe unabhängig von Holzart und Kochverfahren sowie eine anhydrolysierte Baumwoll-

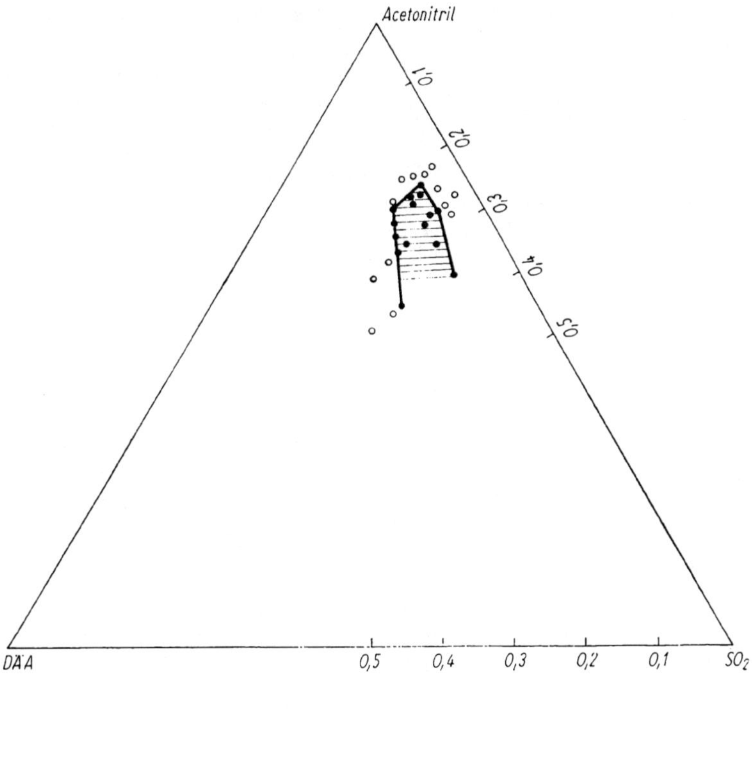

Bild 3. Einfluß der Lösungsmittelzusammensetzung auf die Löslichkeit der Cellulose
• vollständig gelöst
○ teilweise gelöst

cellulose in einem Lösungsmittelgemisch optimaler Zusammensetzung glatt auflösen, während native Baumwolle auf Grund ihrer hohen lateralen Ordnung und/oder ihres hohen DP ungelöst bleibt. Bemerkenswert erscheint der Einfluß des Röntgengittertyps der Celluloseprobe auf ihre Löslichkeit, der in dieser ausgeprägten Form unseres Wissens bisher bei keinem der bekannten „Cellulosclösungsmittel" beobachtet wurde, indem sowohl ein mercerisierter Fichtensulfitzellstoff als auch eine Zellwollprobe trotz ihres niedrigen DP nicht gelöst wurden. In Übereinstimmung mit den Angaben von *Hata* und *Yokota* für SO_2/Amin-Gemische wurde beim Auflösen eines Fichtenzellstoffs in SO_2/Amin/Acetonitril-Gemischen nur ein geringer Abbau (von DP = 640 auf DP = 590) beobachtet, den wir auf eingerührten Luftsauerstoff und/oder Spuren von Wasser zurückführen. Beim Löseprozeß wurde im Anfangsstadium ein geringer Fraktioniereffekt beobachtet, indem die kurzkettigen Anteile bevorzugt in Lösung gingen und beispielsweise nach 2 h Lösezeit bei Fichtensulfitzellstoff (Ausgangs-DP 640) der DP des Rückstandes bei 730, der des gelösten Anteils bei 570 lag.

Nachdem bisher ausschließlich verdünnte, ca. 1%ige Celluloselösungen betrachtet wurden, führten wir eine Versuchsreihe mit steigender Cellulosekonzentration bei einer Lösetemperatur von 25°C und einer maximalen Lösezeit von 9 h durch (Tabelle 3). Mit steigender Cellulosekonzentration mußte zur vollständigen Auflösung der Amingehalt etwas erhöht werden. Mit einem zwecks Viskositätsverringerung etwas anhydrolysierten Fichtensulfitzellstoff (DP 420) ließen sich so klare, etwa 8%ige Celluloselösungen herstellen. Ein Versuch, mit stark hydrolytisch abgebautem Zellstoff (DP = 120) eine ca. 12%ige Lösung herzustellen, führte zu einer hochviskosen, bräunlichen kautschukartigen Masse. Generell lag die Viskosität der hier erhaltenen nichtwäßrigen Celluloselösungen höher, als dies von entsprechenden Celluloselösungen in den wäßrigen Cellulosclösungsmitteln Cuoxam, Cadoxen oder dergl. bekannt ist.

Tabelle 3. Abhängigkeit der Lösefähigkeit des Systems von der Cellulosekonzentration

SO_2 %	DÄA %	eingesetzte Cellulose	ungelöste Cellulose %
30,0	12,4	ca. 1% FiSi nativ	0
30,0	12,4	ca. 1,4% FiSi nativ	0
26,4	12,4	ca. 2% FiSi nativ	0
28,6	12,4	ca. 3% FiSi nativ	0
28,6	12,4	ca. 4% FiSi nativ	0
28,6	12,4	ca. 5% FiSi nativ	ca. 50
28,6	12,4	ca. 5% FiSi hydrolysiert	ca. 50
28,4	14,6	ca. 5% FiSi nativ	0
28,4	14,6	ca. 5% FiSi hydrolysiert	0
29,0	16,6	ca. 6% FiSi hydrolysiert	0
29,0	16,6	ca. 8% FiSi hydrolysiert	0

4. *Zusammenfassende Diskussion der Versuchsergebnisse und Schlußfolgerungen*

In Übereinstimmung mit den Ergebnissen und Vorstellungen von *Hata* und *Yokota* nehmen wir an, daß auch in unseren ternären Systemen ein EDA-Komplex zwischen SO_2 als Akzeptor und Amin als Donator das wirksame Agens darstellt, das mit den OH-Gruppen der Cellulose nach folgenden Mechanismus in Wechselwirkung tritt:

$$ROH + SO_2 \cdot (C_2H_5)_2NH \rightleftharpoons ROSO \cdot O \cdot (C_2H_5)_2NH_2$$
$$\rightleftharpoons ROSO \cdot O^- + (C_2H_5)_2\,NH_2^+.$$

Die Drittkomponente scheint vorwiegend die Rolle eines Verdünnungsmittels zu spielen, die allerdings von ihren Eigenschaften her folgende Randbedingungen erfüllen muß:

1. sollte sie die Bildung des SO_2/Amin-Komplexes und dessen Reaktion mit der Cellulose begünstigen oder zumindest nicht beeinträchtigen,
2. darf sie die Bildung von Cellulose nicht mehr lösenden, rotbraun gefärbten Reaktionsprodukten aus SO_2 und Amin nicht katalysieren,
3. muß sie ein Lösungsmittel für die Cellulose/SO_2/Amin-Verbindung sein.

Bei den Drittkomponenten handelt es sich um polare Flüssigkeiten, die recht verschiedenen Verbindungsklassen angehören und in ihren Donator/Akzeptor-Eigenschaften gegenüber $SbCl_5$ als Bezugsbasis teils als Donatoren und teils als Akzeptoren einzustufen sind. Ein Zusammenhang zwischen Lösewirkung als Drittkomponente in dem hier interessierenden System und den verschiedenen Kenngrößen zur Charakterisierung von Lösungsmitteleigenschaften, wie z. B. Dielektrizitätskonstante, Dipolmoment, der Fähigkeit zur H-Brückenbildung und verschiedenen Löslichkeitsparametern [15], besteht offensichtlich nicht. Von den Drittkomponenten sind jedoch die meisten als Lösungsmittel für Celluloseester bekannt. Ausgesprochene Nichtlöser für Celluloseester, wie z. B. Tetrachlorkohlenstoff, sind auch als Lösungsmittelzusätze zu SO_2 und Amin zur Auflösung der Cellulose ungeeignet. Es hat den Anschein, daß die zur Auflösung der Cellulose erforderliche SO_2-Menge um so geringer ist, je besser die Drittkomponente die Cellulose/SO_2/Amin-Verbindung zu solvatisieren vermag.

Nicht plausibel erklärbar ist die in unseren ternären Systemen beobachtete Spezifität hinsichtlich der Aminkomponente, indem im Gegensatz zum binären System SO_2/Amin nur Diäthylamin lösewirksam ist, obwohl nach den Ergebnissen von *Hata* und *Yokota* auch andere sekundäre Amine sowie tertiäre Amine EDA-Komplexe mit SO_2 bilden, die in Abwesenheit einer Drittkomponente lösen. Denkbar wäre ein Einfluß der Solvatation des EDA-Komplexes auf dessen Transportverhalten in die Cellulosestruktur, indem nur beim solvatisierten SO_2/Diäthylamin-Komplex aus sterischen Gründen eine ausreichende Accessibilität der Cellulose vorliegt, wobei diese Vorstellung allerdings vorerst hypothetischen Charakter trägt. Das Ausbleiben einer Lösewirkung mit tertiären Aminen im ternären System könnte mit deren niedrigerer Komplexbildungskonstante gegenüber SO_2 erklärt werden. Legt man die Bildung eines EDA-Komplexes aus SO_2 und Diäthylamin im Molverhältnis 1:1 zugrunde, so weisen unsere Ergebnisse zum Einfluß der Zusammensetzung des ternären Gemisches SO_2/Diäthylamin/Acetonitril auf die Lösewirkung darauf hin, daß erstens der Anteil der Drittkomponente verständlicherweise nicht zu hoch sein darf, nämlich nicht über 65 mol% des Gesamtgemisches, um eine ausreichend hohe Konzentration an lösewirksamem Komplex zu gewährleisten, und daß zweitens ein gewisser Überschuß an „freiem", d. h. nicht im EDA-Komplex gebundenem SO_2 zur Auflösung der Cellulose erforderlich ist, wobei dieser SO_2-Anteil möglicherweise solvatisierend auf die Cellulose/SO_2/Amin-Verbindung wirkt.

Diese Diskussion unserer mit ternären Lösungsmittelsystemen für Cellulose erhaltenen Ergebnisse legt einen Vergleich mit wäßrigen Systemen, d. h., Cellulose lösenden wäßrigen Lösungen von Mineralsäuren, Basen, bestimmten Salzen und verschiedenen Metallkomplexen nahe. Wesentliche Unterschiede sehen wir hier vor allem in der Spezifizität hinsichtlich des Cellulosegittertyps, indem das lösewirksame Agens im System SO_2/Diäthylamin/Acetonitril offenbar nur bei Vorliegen einer dem Gittertyp der Cellulose I entsprechenden Kettenanordnung die H-Brücken in den Bereichen höher lateraler Ordnung aufbrechen und mit den OH-Gruppen in Wechselwirkung treten kann, eine Erscheinung, die übrigens ihre Parallele in der sehr langsamen Quellgeschwindigkeit von Cellulose-II-Präparaten in manchen organischen Flüssigkeiten findet (vergl. [16]).

Hingewiesen sei zweitens auf die im Vergleich zu den meisten wäßrigen Systemen bei gleichem DP und gleicher Cellulosekonzentration viel höhere spezifische Viskosität solcher nichtwäßriger Celluloselösungen, auf die in anderem Zusammenhang näher eingegangen wird.

Literatur

[1] *Philipp, B.*, und *Hampe, R.*: in Vorbereitung.
[2] SzP 153446 (1930) Ciba AG, Basel.
FrP 723660 v. 24. 9. 31. Soc. An. pour l'Ind. chimique à Bale. Ref. CA **26** (1932) 4171 (Solution of Cellulose).
[3] *Husemann, E.*, und *Siefert, E.*: N-Äthylpyridiniumchlorid als Lösungsmittel und Reaktionsmedium für Cellulose. Makromol. Chemie **128** (1969) S. 288—291.
[4] *Valdsaar, H.*, und *Dunlap, R.*: Trifluoressigsäure als gutes Lösungsmittel für Cellulose mit geringem Abbau der Cellulose. Amer. chem. Soc. Meeting. Atlantic City N. J., 14 bis 19, Sept. 1952.
[5] *Petrov, V. G.*: Die Auflösung der Cellulose in Dioxypropylbissulfid. Uc. Zap. Kabardino-Balkarsk. Gos. Univ., Ser. Fiz.-Mat. Nauk (1963) 19, S. 55—57; Ref.: Chem. Abstr. **63** (1965) 10161.
[6] *Scherer, P. C.*: Solubility of cellulose in ammonia salt solution. J. amer. chem. Soc. **53** (1931) S. 4009—4013.
[7] *Meyer, K. H.*, *Studer, M.*, und *van der Wyk*: Über die Auflösung der Cellulose in organischen Lösungsmitteln. Mh. Chemie **81** (1950) S. 151—154.
[8] *Fowler, W. F.*, *Unruh, C. C.*, *McGee, P. A.*, und *Kenyon, W. G.*: The solubility of cellulose in mixtures of N_2O_4 with organic compounds. J. amer. chem. Soc. **69** (1947) S. 1636—1640.
[9] FrP 1469890
USP 3236669
[10] *Schweiger, R. G.*: Solution of cellulose and other polysaccharides. Chem. Ind. (1969) 10, S. 296.
[11] *Hata, K.* und *Yokota, K.*: Solution of cellulose. Sen-i Gakkaishi (J. Soc. Fiber Sci. Technol. Japan) **22** (1966) S. 96—102.
Regeneration of cellulose from liquid sulfur dioxide solution and some properties of the regenerated cellulose. Sen-i Gakkaishi (J. Sci. Fiber Sci. Technol. Japan) **24** (1968) S. 415—419.
Effect of temperature on the solubility of cellulose in amine liquid sulfur dioxide solution. Sen-i Gakkaishi (J. Sci. Fiber Sci. Technol. Japan) **24** (1968) S. 420 bis 424.
[12] JaP 462/69
JaP 6070/69
JaP 02330/70
[13] *Schleicher, H.*, und *Philipp, B.*: Verfahren zur Herstellung von röntgenamorpher Cellulose. DWP 64831.
[14] JaP 2592/69
JaP 18024/70
[15] *Reichardt, Ch.*: Lösungsmittel-Effekte in der organischen Chemie. Weinheim: Verlag Chemie 1969.
[16] *Schleicher, H.*, *Wagenknecht, W.*, und *Philipp, B.*: in Vorbereitung

Eingegangen am 30. September 1971

Über den Nachweis eines enzymatischen Abbaus an Polyesterfasern im lebenden Organismus

Karl Schwertassek und Jan Dvořák
Wirkereiforschungsinstitut Brno/ČSSR

DK 677.494.674-042.2:677.017.87:616.14—089.28

Im Anschluß an eine frühere Arbeit wird über die Untersuchung von gewirkten Gefäßprothesen aus Polyesterseide (PES) berichtet, die 11 Jahre im menschlichen Organismus implantiert waren. Sie ergab, daß bei sehr langen Verweilzeiten der Prothesen ein enzymatischer Abbau der Polyesterfasern stattfindet, der offenbar von strukturgestörten Bereichen an der Faseroberfläche ausgeht, aber in den vorliegenden Beispielen nicht der Anlaß zur Auswechselung der Prothesen war.

Об обнаружении энзиматической деструкции полиэфирных волокон в живом организме

В продолжение ранее опубликованной работы приводятся данные об исследовании изготовленных из полиэфирного шелка трикотажных протезов сосудов после их 11-летней имплантации в человеческом организме. Оказалось, что при очень длительном времени пребывания протезов в организме имеет место энзиматическая деструкция полиэфирных волокон, которая начинается, очевидно, в расположенных на поверхности волокон областях с несовершенной структурой. Явление деструкции в приведенных примерах не явилось, однако, причиной смены протезов.

Detection of the Encymatic Degradation of Polyester Fibres in Living Organism

Continuing previous work, an investigation has been carried out with vascular prosthesis of polyester filament yarn having been implanted for 11 years in human organism. The polyester fibres were found to undergo encymatic degradation after very long implantation time, that was obviously initiated in defects of the fibre surface, but did not require the prosthesis to be removed.

Seit Einführung der aus Synthesefasern hergestellten Gefäßprothesen in der neuzeitlichen Chirurgie hat gleichzeitig auch das Studium von Abbauerscheinungen an den verschiedenen Faserstoffen im lebenden Organismus eingesetzt. Wir haben über Beobachtungen in dieser Richtung bereits an früherer Stelle berichtet [1], wenngleich es uns damals noch nicht gelang, einen enzymatischen Abbau bei Gefäßprothesen aus Polyesterfasern trotz mehrjähriger Verweilzeit im menschlichen Organismus mit Sicherheit nachzuweisen. Die Polyesterfasern erwiesen sich dabei als äußerst widerstandsfähig, der in mäßigen Grenzen zu beobachtende Festigkeitsverlust hätte auch mit Alterungserscheinungen unter den hier waltenden besonderen Bedingungen erklärt werden können. Bei der damaligen Untersuchung konnten keine charakteristischen Veränderungen am mikroskopischen Bild der Fasern und deren Enden beobachtet werden, die einwandfreie Schlußfolgerungen auf ein Ablösen der Fasersubstanz von der Faseroberfläche oder vom Faserende her ermöglichten.

Es wurden nun weitere Prothesen mit wechselnden Implantationszeiten geprüft, die zum Teil gleiche Ergebnisse wie die bisher geprüften zeigten. Ein abweichendes Verhalten zeigte eine 11 Jahre implantiert gewesene Prothese. Die mikroskopische Prüfung dieser Prothese ermöglichte nunmehr, die Frage des enzymatischen Abbaues im positiven Sinne zu entscheiden. Wir haben über diese Beobachtungen bereits andererorts in tschechischer Sprache [2] kurz berichtet. Im Vorliegenden wollen wir unsere Prüfergebnisse bekanntgeben und unsere bereits zitierte Arbeit [1], die noch einige Fragen offen ließ, zu einem gewissen Abschluß bringen.

Diese neuerlich geprüfte Prothese mit 11 Jahren Verweilzeit war der gleichen Art wie die in der zitierten Arbeit beschriebene. Auch sie stellt eine Wirkware dar, der die gewünschte Form durch Thermofixierung unter Verwendung einer bestimmten Vorrichtung erteilt wurde. Sie zeigte wie alle anderen Prothesen einen deutlichen Festigkeitsrückgang, der aber keinesfalls die Ursache der Auswechselung bildete. Alle bisher geprüften Prothesen wiesen noch einen genügenden Zusammenhalt auf und hätten ihre Funktion gewiß noch längere Zeit erfüllen können, wenngleich ihnen, rein äußerlich betrachtet, die Länge der Verweilzeit ohne weiteres anzusehen war. Eine fünf Jahre in Gebrauch gewesene gewebte Prothese war in Form, Steifheit, Glätte der Oberfläche und Tiefe der geprägten Ringelung kaum vom ungebrauchten Muster zu unterscheiden. Bei der $8^1/_2$ Jahre in Gebrauch gewesenen gewirkten Prothese hatte die längere Verweilzeit bereits, rein makroskopisch betrachtet, Spuren der Abnutzung hinterlassen. Die Prägung war verflacht, die Oberfläche leicht aufgerauht, im Gesamten hatte sie etwas an Steifheit verloren. Inwieweit hier die Art der Herstellung, gewebt oder gewirkt, der Fixiergrad oder die Länge der Verweilzeit, Verschiedenheiten im Garnmaterial u. ä. den verschiedenen Abnutzungsgrad verursachten, konnte im Rahmen dieser Untersuchungen nicht geklärt werden.

Der verschiedene Abnutzungsgrad, makroskopisch beurteilt, ist im Bild 1 zu erkennen. Bei der 11 Jahre im Gebrauch gewesenen Prothese sind die makroskopisch sichtbaren Abnutzungserscheinungen nur unwesentlich stärker als bei der nach $8^1/_2$ Jahren geprüften.

Die an den gebrauchten Prothesen sichtbaren dunkleren Verunreinigungen sind Gewebe- und Blutreste, die trotz Behandlung in Pepsin/Salzsäure nicht restlos entfernbar waren.

Bei der mikroskopischen Prüfung der Fasern der 11 Jahre in Funktion gewesenen Prothese war bereits beim ersten Übersichtspräparat ein anderes Bild gegenüber den früher geprüften Prothesen zu beobachten. Die in den Bildern 2 bis 6 gezeigten Erscheinungen weisen eindeutig auf eine abbauende, von der

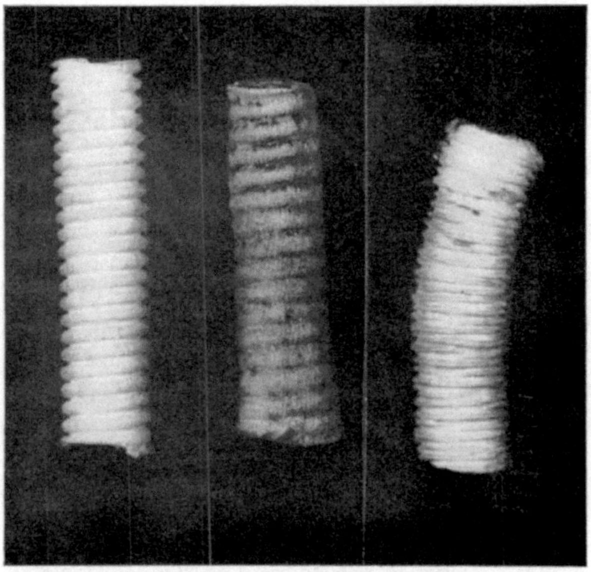

Bild 1. links: Abschnitt einer ungebrauchten, gewirkten Polyester-Gefäßprothese
mitte: dieselbe Prothese nach $8^1/_2$jährigem Gebrauch
rechts: gewebte Prothese nach 5jährigem Gebrauch (etwa natürliche Größe)

(Bild 4, 5, 6) ausgehende substanzablösende Wirkung hin, für die kaum etwas anderes als die Wirkung von Enzymen in Betracht kommen dürfte. Als solche kommen im Falle der Polyesterfasern Esterasen, im besonderen die im Blut vorhandenen Lipasen in Frage, die die Fähigkeit besitzen, Fette (Glycerin-Fettsäureester) zu spalten, zu verseifen. Bekanntlich werden Faseroberfläche (Bild 2, 3, 6) und vom Faserende Polyesterfasern von verseifend wirkenden Agenzien (z. B. starken Alkalien) leicht gespalten und damit abgebaut. Bild 2 zeigt uns Fasern mit örtlich stark vermindertem Querschnitt, die aber noch nicht zerrissen sind. Deutlich sind an den geschwächten Stellen noch die vom Texturieren herrührenden schraubenartigen Verwindungen zu erkennen. Wir hatten in der zitierten Arbeit [1] die Vermutung ausgesprochen, daß, wenn ein chemischer oder enzymatischer Abbau der Fasersubstanz erfolgt, dieser vordringlich an den Stellen der beim Texturieren oder Verarbeiten durch mechanische Wirkung hervorgerufenen örtlichen Gitterstörungen vor sich gehen müßte, die wir durch Jodeinfärbung nachweisen konnten. Diese unsere Vermutung gewinnt nunmehr an Wahrscheinlichkeit. Bei Auswertung einer größeren Anzahl von Mikropräparaten konnten wir feststellen, daß die Gebiete mit weitgehender Querschnittsverminderung bevorzugt an den Stellen der in flachen Spiralen verlaufenden Schwielen (schraubenartigen Verwindungen) zu finden sind. Der Mechanismus dieser Wirkung sei nochmals wiederholt: Die bessere Zugänglichkeit der gittergestörten Bereiche bewirkt hier die intensivere Wirkung der abbauenden, in Lösung befindlichen Stoffe, in unserem Falle der Enzyme. Eine stärker vergrößerte Stelle dieser Art kurz vor dem Bruch zeigt uns Bild 3. Die Bilder 4 und 5 zeigen uns Faserenden, an denen Aufspaltungen in Fibrillenform zu erkennen sind. Das in Bild 4 gezeigte Faserende stammt offenbar von einer deformierten, beim Texturieren etwas flachgedrückten Faser. Eine sehr selten vorkommende Art der Fibrillenaufspaltung zeigt Bild 5. Die Fibrillenabspaltung erfolgt hier konzentrisch in mehreren Etagen, ähnlich wie wir solche Erscheinungen in einer früheren Arbeit [3] beim enzymatischen Abbau von Polyamidfasern beobachten

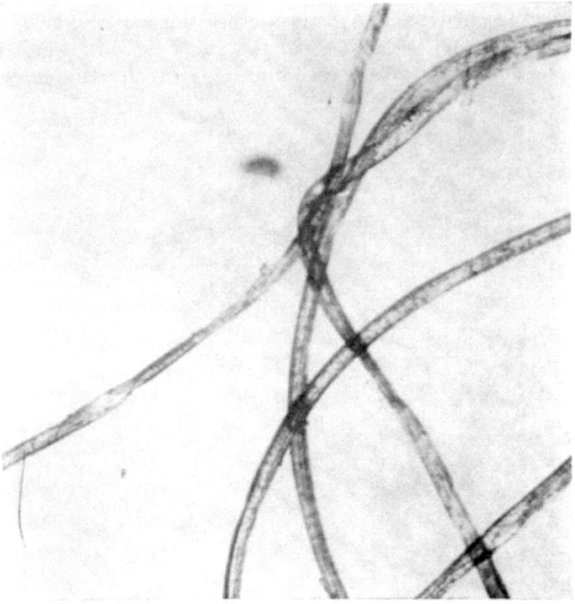

Bild 2. Fasern mit stark vermindertem Querschnitt, bevorzugt an Stellen beim Texturieren entstandener gittergestörter Bereiche zu beobachten. Wir erkennen diese Stellen an den in flachen Spiralen verlaufenden Verwindungen. (160:1)

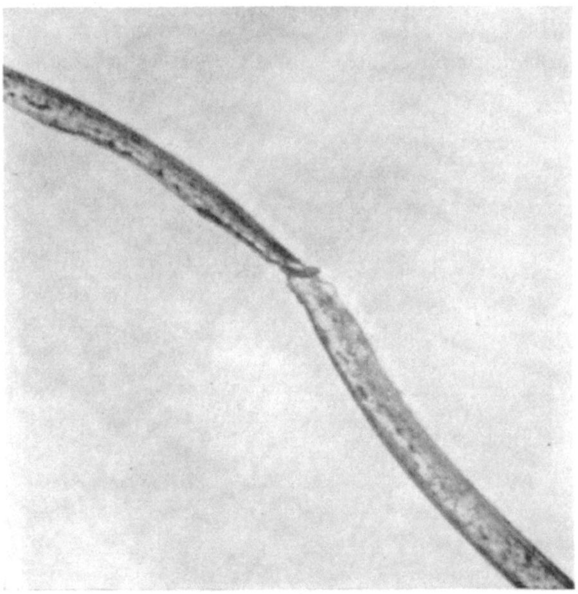

Bild 3. wie Bild 2, nur stärker vergrößert, Schädigung knapp vor dem Bruch (410:1)

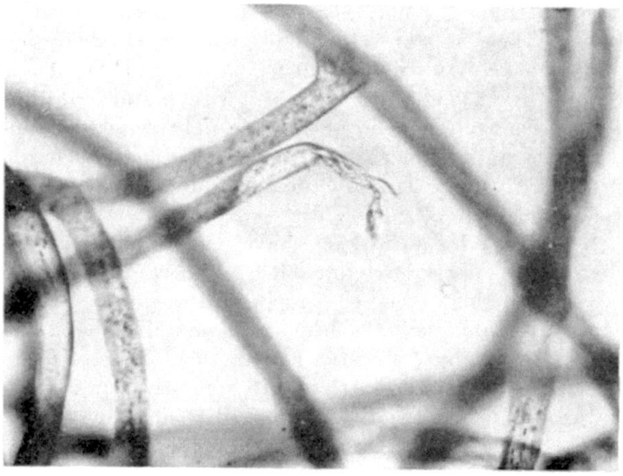

Bild 4. Faserenden einer beim Texturieren flachgedrückten Faserpartie mit fibrillenartiger Aufspaltung (300:1)

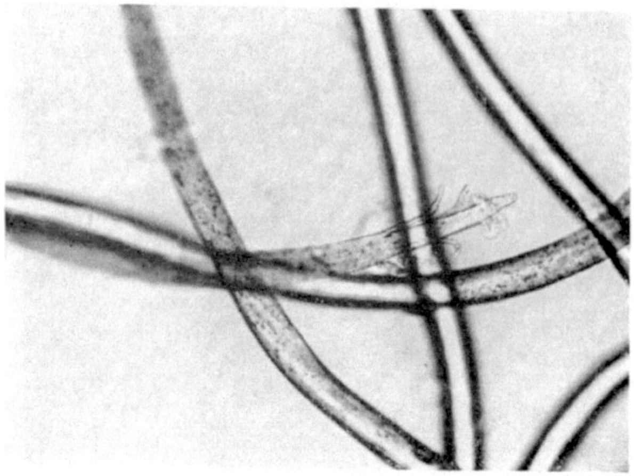

Bild 5. Fibrillenförmig aufgespaltetes Faserende (300:1)

konnten, wenngleich in diesem Falle keine Fibrillen, sondern Lamellen abgespaltet wurden.

Bild 6 zeigt links ein in eine feine Spitze auslaufendes Faserende, ohne Fibrillenaufspaltung, die weitaus vorherrschende Form der Faserenden, die bei der früher geprüften Prothese nur ganz vereinzelt beobachtet wurden. Das rechte Faserende hingegen entspricht dem fortgeschrittenen Stadium einer in der zitierten Arbeit [1] gezeigten mehrfach beobachteten Schädigungsart, verursacht durch Querspaltungen der Fasern, die später in Längsspaltungen übergehen. Die Ursache dieser Art der Schädigung wurde in der zitierten Arbeit mit einer Versprödung des Materiales durch Alterung und Ermüden beim Gebrauch zu erklären versucht. Dieses Faserende dürfte primär durch Querspaltung und nachfolgend durch die Wirkung von Enzymen entstanden sein. Wie in Arbeit [1] gezeigt wurde, sind auch diese Fehler in ihrer nächsten Umgebung zum Teil strukturgestört und damit anfälliger für die Wirkung in Lösung befindlicher, abbauverursachender Stoffe. Bis etwa in die Hälfte der Faser verlaufende Querspaltungen, wie sie bei den früher geprüften Prothesen vorherrschten, waren hier nicht mehr zu beobachten.

Es bleibt noch aufzuklären, warum die nach 8 $^1/_2$ Jahren im Organismus verbliebene Prothese im mikroskopischen Bild so auffallend wenig und nur schwach geschädigte und die 11 Jahre verbliebene viele und stark geschädigte Fasern aufweist. Der zeitliche Unterschied von 30% kann diese krassen Unterschiede im Schädigungsgrad kaum völlig erklären. Ziehen wir in Betracht, daß die ersten beiden Prothesen in alten Trägern (60 bis 70 Jahre), die nach 11 Jahren geprüfte aber in einem jungem Organismus (13 bis 24 Jahre) implantiert waren, so drängt sich die Vermutung auf, daß die Ursache des verschiedenen Verhaltens z. T. in der fortgeschrittenen Arteriosklerose der älteren Menschen zu suchen sein könnte. Bekanntlich nimmt mit zunehmender Arteriosklerose die Aktivität der Enzyme

Bild 6. Linkes Faserende, in eine Spitze auslaufend, sehr häufig zu beobachten. Rechtes Faserende: primär durch Querspaltung geschädigt, fibrilläre Aufspaltung durch Enzymeinfluß möglich (160:1)

ab und der Stoffwechsel verlangsamt sich. Weiter könnten die dabei der Innenwand der Gefäße angelagerten Stoffe (Cholesterol) eine Schutzschicht bilden, die den Zutritt der im strömenden Blut vorhandenen abbauenden Enzyme behindert. Schließlich wären auch zeitweise pathologische Veränderungen in der Blutzusammensetzung als Ursache nicht völlig auszuschließen. Die Frage, ob mehrere oder jeweils nur eine der in Betracht gezogenen Ursachen praktisch zutreffen, wäre durch weitere Beobachtungen zu klären.

Es ist einleuchtend, daß das Experimentieren dieser Art am lebenden menschlichen Organismus kompliziert und langwierig ist. Es ist praktisch unmöglich, die Prüfungsobjekte dauernd zu überwachen; wir sind mehr oder weniger auf den Zufall angewiesen, ob der eine oder andere Patient, meist ohne es selbst zu ahnen, eine Kontrolle unserer Versuche ermöglicht. Im besonderen ist es aber auch dem Zufall zu verdanken, daß der dritte von uns geprüfte Fall einen Jugendlichen betraf, der uns, wie wir vermuten, gerade die beschriebenen Beobachtungen ermöglichte.

Die erwähnten Schwierigkeiten bei langfristigen Prüfungen im menschlichen Organismus lassen es verständlich erscheinen, daß unsere Berichterstattung in Form von zeitlich nicht festzulegenden Teilberichten erfolgt und die Untersuchungen auch nicht als abgeschlossen angesehen werden können.

Fassen wir die beschriebenen neuerlichen Ergebnisse zusammen, so können wir feststellen, daß wir gegenüber unseren früheren Ergebnissen [1] eine noch offen gebliebene Frage beantworten und zwei Vermutungen bestätigen konnten. Es sind dies:

Die Frage, ob ein enzymatischer Abbau von Polyesterfasern bei sehr langfristigem Verweilen im menschlichen Organismus stattfindet, ist nunmehr grundsätzlich positiv zu beantworten. Hier dürfte auch das Alter des Prothesenträgers von Einfluß sein.

Die früher geäußerte Vermutung [1], daß, wenn ein enzymatischer Abbau erfolgt, dieser bevorzugt an den strukturgestörten Bereichen erfolgen müßte, hat auf Grund der weiteren Versuche an Wahrscheinlichkeit gewonnen.

Die Vermutung, daß der Abbau der Polyesterfasern nur von der Faseroberfläche aus und nicht auch im Inneren der Faser vor sich geht, wie es bei Polyamidfasern der Fall ist, dürfte auf Grund der gemachten Beobachtungen ebenfalls zutreffen.

Nur ausnahmsweise und ganz vereinzelt scheint vom Faserende her eine selektive Auflösung unter Fibrillenbildung zu erfolgen, doch dürfte auch dieser Prozeß, wie zu vermuten, von strukturgestörten Bereichen seinen Ausgang nehmen. Während die Zerlegung in die Elementarbestandteile Fibrillen oder Lamellen beim enzymatischen Abbau von Fasern, die quellbar im wäßrigen Medium sind, den Normalfall darstellt, erscheint dieser Vorgang bei den Polyesterfasern nur äußerst selten und, wie zu vermuten war, von anderen, mechanischen Beschädigungen aus vor sich zu gehen.

Wenn wir heute über Fachbücher verfügen [4], die die biologische Zerstörung der Natur- und Kunststoffe zum Gegenstand haben, so wird man in Zukunft auch dem Verhalten dieser Stoffe im lebenden Organismus ein besonderes Kapitel einräumen müssen. Über die Wichtigkeit dieses noch jungen Spezialgebietes, das bereits heute einen Bestandteil der Faserstofforschung bildet, dürfte kaum ein Zweifel bestehen.

Literatur

[1] *Schwertassek, K.*, und *Dvořák, J.:* Beitrag zum Studium des Abbaues von Synthesefaserstoffen im lebenden Organismus. Faserforsch. u. Textiltechnik **21** (1970) 2, S. 77—83. Textil, Praha **24** (1969) 11, S. 373—375.

[2] *Dvořák, J.*, und *Schwertassek, K.:* Die Prüfung des enzymatischen Abbaues von Polyesterfasern im lebenden Organismus. Textil, Praha **26** (1971) 5, S. 169—170.

[3] *Schwertassek, K.:* Studien über die mikroskopische Struktur von Polyamid-6-Fasern. Faserforsch. u. Textiltechnik **11** (1960) 3, S. 125—129.

[4] *Haldenwanger, H. H. M.*, *Götter, G. H.*, und *Wolf, K. A.:* Biologische Zerstörung der makromolekularen Werkstoffe. Berlin/Heidelberg/New York: Springer 1970.

Eingegangen am 11. Oktober 1971

Beitrag zum Studium der Strukturveränderungen synthetischer Fasern bei Deformation in der Faserlängsrichtung

II. Polypropylenfasern (PP-Fasern).

Ivan Diačik, Martin Jambrich und Ivan Mitterpach
Forschungsinstitut für Chemiefasern, Svit/ČSSR

DK 677.494.742.3:677.021.125.3:677.014.872:677.014.874:677.014.84:677.014.86

Der Einfluß unterschiedlicher Bedingungen bei der Deformation von PP-Fasern auf die Orientierung kristalliner und nichtkristalliner Bereiche des Polymersystems wurde verfolgt unter Benützung der röntgenographischen Methode, der Messung der optischen Doppelbrechung, der Infrarot-Absorptionsspektroskopie und durch Messung der Schallgeschwindigkeit. Dabei wurde festgestellt, daß es im Unterschied zur Deformation von PA-6-Fasern bei der Deformation von PP-Fasern schon in den ersten Phasen der Deformation zu einer hohen Orientierung der kristallinen Bereiche kommt, während die nichtkristallinen Bereiche in den ersten Phasen der Deformation praktisch unorientiert bleiben.

К вопросу об изучении изменений структуры синтетических волокон при деформации в продольном направлении
II. Полипропиленовые волокна (ПП-волокна)

Влияние различных условий при деформации ПП-волокон на ориентацию кристаллических и некристаллических областей полимерной системы исследовалось при применении методов рентгенографии, двойного лучепреломления, ИК-спектроскопии и путем измерения скорости Эвука. При этом было установлено, что в отличие от деформации волокон из полиамида-6 при деформации ПП-волокон уже в начальной стадии деформации достигается ярко выраженная ориентация кристаллических областей, в то время как некристаллические области в начальной стадии деформации остаются практически не ориентированными.

Contribution to the Investigation of Structural Changes in Synthetic Fibres by Deformation in Longitudinal Direction.
II. Polypropylene Fibres (PP fibres)

The effect of various conditions of deformation on the orientation in crystalline and non-crystalline regions has been investigated by measuring X-ray scattering, optical birefrigence, IR absorption and sound velocity. Otherwise than with polyamide-6 fibres the deformation of PP fibres results in high orientation of crystalline regions already in the first stage of the deformation process, the non-crystalline regions remaining nearly unoriented in the first stage.

1. Einleitung

In unseren vorangegangenen Arbeiten [1, 2] führten wir aus, wie sich einige Faktoren im technologischen Herstellungsprozeß von PA-6-Fasern auf die Änderung der Orientierung kristalliner und nichtkristalliner Bereiche des Polymersystems und auf die Umwandlung der strukturellen Modifikationen auswirken.

Im vorliegenden Teil unserer Arbeit führen wir die Ergebnisse an, die wir bei Untersuchung des Deformations-Prozesses von PP-Fasern bei normaler und bei erhöhter Temperatur des Milieus gewonnen haben. Ähnlich wie im Falle der PA-6-Fasern richteten wir unser Augenmerk auf das Studium der Veränderungen in der Orientierung kristalliner und nichtkristalliner Anteile des Polymersystems und auf die Veränderung der strukturellen Modifikationen.

Isotaktisches Polypropylen existiert ähnlich wie auch andere faserbildende Polymere bei normaler Umgebungstemperatur in zwei strukturellen Anordnungen: in einer weniger gut geordneten smektisch-hexagonalen Modifikation und in einer thermodynamisch stabilen monoklinen Modifikation [3, 4].

Wie schon in mehreren Arbeiten ausgeführt wurde, ist die weniger gute, smektisch-hexagonale Ordnung bei normaler Temperatur stabil; beim Erhitzen über 70 °C kommt es zum Übergang in die stabilere monokline Modifikation [5].

Die Bildung der erwähnten Strukturmodifikationen des isotaktischen Polypropylens in den Fasern wird durch die Bedingungen beim Schmelzen und bei der Abkühlung der Polymerschmelze beeinflußt. Die Frage der Bildung dieser Strukturmodifikation ist deshalb interessant, weil beim Schmelzen und bei den weiteren Verarbeitungsschritten des Polymeren viele Bedingungen variiert werden können, die sich auf die Bildung der genannten Strukturmodifikationen auswirken und zu unterschiedlichen physikalisch-mechanischen Eigenschaften des Polymersystems führen.

Bei der Faserherstellung wird aus technologischen Gründen der Deformationsprozeß vom eigentlichen Erspinnen getrennt. Im Interesse eines guten Deformationsverlaufes ist es erwünscht, Fasern zu erspinnen, die die unstabile smektisch-hexagonale Modifikation besitzen.

2. Experimenteller Teil

2.1. Beschreibung der bei der Faserbewertung angewandten Methoden

Die Methoden für die Bewertung unterschiedlicher Strukturmodifikationen, der Orientierung der kristallinen Bereiche sowie die Bewertung der durchschnittlichen Orientierung der Makromoleküle wurden bereits in unserem vorangegangenen Teil [1] beschrieben.

Die Bestimmung des kristallinen Anteils in den Fasern wurde unter Anwendung der Infrarot-Absorptionsspektroskopie durchgeführt. Die Faserpräparate wurden durch Zerschneiden der Fasern in feine Teile und durch Pressen in KBr mit einer Konzentration von 11 mg Fasern auf 1000 mg KBr hergestellt. Die Auswertung des kristallinen Anteils wurde nach den Beziehungen durchgeführt, wie sie in der Arbeit von *Sandeman* und *Keller* angegeben sind [6].

Die mechanischen Fasereigenschaften wurden auf dem Gerät „Instron" bestimmt und der Elastizitätsmodul aus den Kraft-Dehnungs-Kurven berechnet. Durch eine Kombination der Werte, die durch Messung der Schallgeschwindigkeit und der Doppelbrechung gewonnen wurden, sowie durch

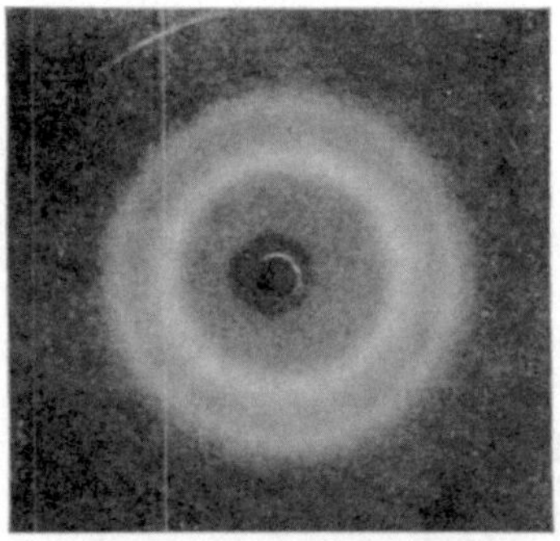

Bild 1. Röntgenogramm ungereckter PP-Fasern mit weniger stabiler, smektisch-hexagonaler Anordnung

Extrapolation wurde der Wert der Doppelbrechung für ideal orientierte PP-Fasern $\Delta_n = 0{,}042$ gewonnen. Für die Berechnung von f_α wurden die von uns gemessenen Schallgeschwindigkeitswerte in ungereckten PP-Fasern $C_n = 1{,}60$ km/s verwendet.

2.2. *Zubereitung der Fasermuster*

Zur Untersuchung des Deformationsprozesses unter unterschiedlichen Bedingungen benützten wir als Ausgangsmaterial ungereckte PP-Fasern, die durch Schmelzen und Spinnen des Polymeren mit einem Extruder und durch Kühlung in Schächten mit Aufwicklung auf Spulen hergestellt worden waren. Ausgangsmaterial war Daplen 708/D-24 mit LVZ = 119 ml/g und FL = 20 g/10 min. Bild 1 zeigt das Röntgenogramm der ungereckten Fasern. Es ist charakteristisch für die weniger stabile smektisch-hexagonale Modifikation. Das Material besitzt eine Doppelbrechung von $\Delta_n = 4{,}1 \cdot 10^{-3}$. Die Schallgeschwindigkeit ergibt sich zu $C_n = 1{,}60$ km/s.

Die Deformation der ungereckten Fasern wurde mit einer einstelligen Laboratoriumseinrichtung bei einer Deformationsgeschwindigkeit von 100 m/min durchgeführt. Die Fasermuster wurden durch Deformation bei normaler (20°C) und bei erhöhter Temperatur (120°C) hergestellt.

2.3. *Auswertung der Fasermuster*

Auf den Bildern 2 und 3 sind die dynamischen Deformationskurven und die Diffraktionsbilder der PP-Fasern dargestellt, die bei normaler (20°C) und bei erhöhter Temperatur (120°C) deformiert wurden.

Bei der Deformation der PP-Fasern mit ursprünglich smektisch-hexagonaler Kettenanordnung beobachteten wir, ähnlich wie bei den PA-6-Fasern, bei einer Temperatur von 20°C einen scharfen Übergang der Anfangsdeformation in den Fließbereich und einen plötzlichen Beginn der Verfestigung (Bild 2).

Aus den Röntgenogrammen der Fasern, die bei einer Temperatur von 20°C gereckt wurden, geht hervor, daß es im Fließbereich vor allem zu einer Orientierung der Makromolekülketten mit smektisch-hexagonaler Anordnung und nur zu kleinen Veränderungen der molekularen Anordnung kommt.

Ein ganz anderer Deformationsverlauf ergibt sich bei einer Temperatur von 120°C (Bild 3). Die Deformationskurve zeigt keine deutlich voneinander getrennten Deformationsbereiche. Eine Änderung der strukturellen Modifikation tritt schon im Anfangsstadium der Deformation auf. Durch eine Erhöhung des Deformationsgrades kommt es zur Orientierung der kristallinen Teile, und in den letzten Phasen beobachtet man eine Deformation des Gitters. Die Deformation des Gitters in den letzten Phasen der Reckung kann erklärt werden durch die Annahme, daß die Deformationsgeschwindigkeit die

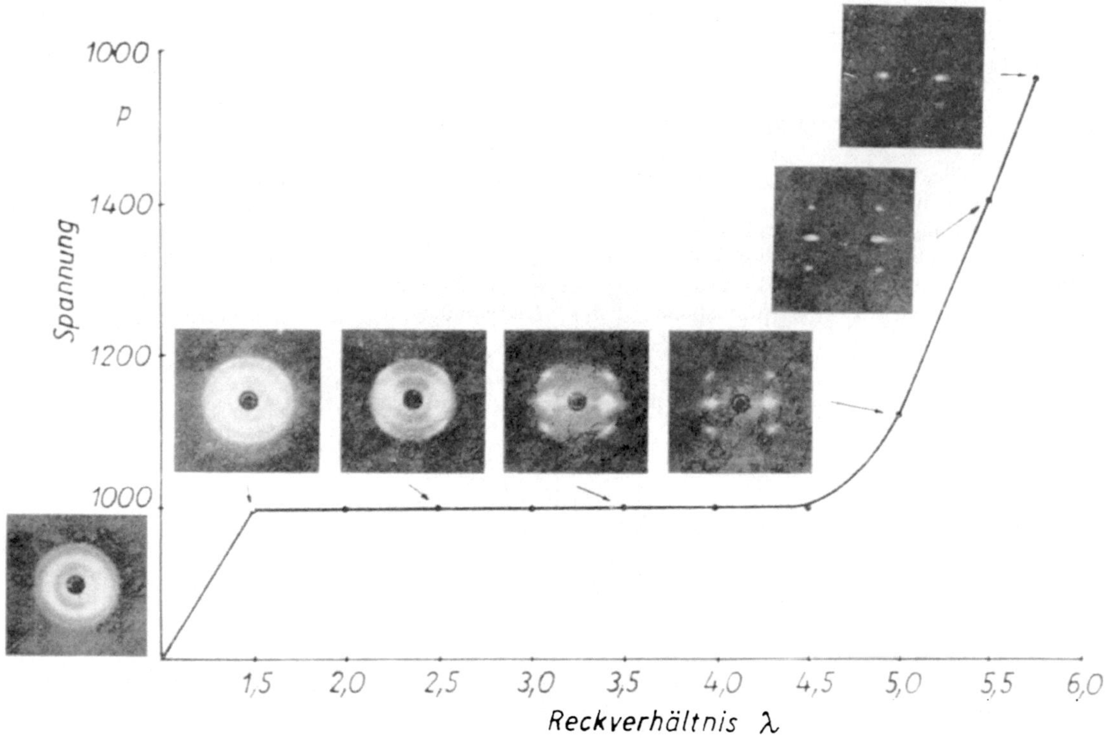

Bild 2. Dynamische Deformationskurve und Röntgenogramme von PP-Fasern, deformiert bei normaler Temperatur (20°C)

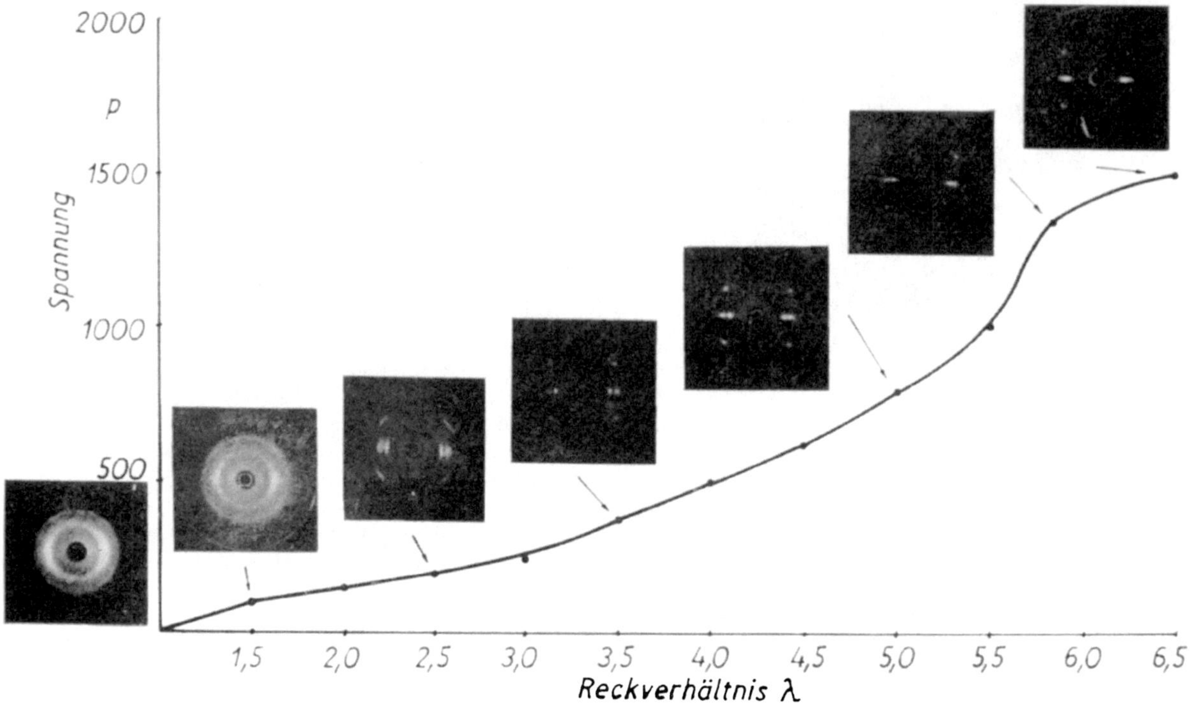

Bild 3. Dynamische Deformationskurve und Röntgenogramme von PP-Fasern, deformiert bei erhöhter Temperatur (120 °C)

mögliche Umordnungsgeschwindigkeit der strukturellen Einheiten in der Richtung der Faserachse in dem so hoch orientierten Polymersystem bei weitem überschreitet.

Auf den Bildern 4 bis 6 sind die Infrarot-Absorptionsspektren der ungereckten PP-Fasern (Bild 4) der bei normaler Temperatur auf $\lambda = 5{,}5$ (Bild 5) gereckten und der bei erhöhter Temperatur auf $\lambda = 6{,}5$ gereckten Fasern (Bild 6) dargestellt.

Bei dem Vergleich der Infrarot-Spektren der ungereckten sowie der unter verschiedenen Bedingungen deformierten Proben beobachtet man keine wesentlichen Unterschiede, obwohl die röntgenographischen Ergebnisse Unterschiede der molekularen Ordnung ergeben.

Für kristallines isotaktisches Polypropylen mit monokliner molekularer Anordnung ist im Infrarot-Absorptionsspektrum vor allem die Absorptionsbande bei 999 cm^{-1} charakteristisch [3], deren Intensität vom Grad der Kristallinität abhängig ist. Isotaktisches Polypropylen, das aus der Schmelze schnell abgekühlt wurde und auf dem Röntgenogramm ein einfaches Diffraktionsbild ergibt, das charakteristisch ist für eine weniger vollkommene molekulare Anordnung, hat ein Infrarot-Absorptionsspektrum mit einer starken Bande bei 999 cm^{-1}. Das unterstützt die Ansicht, daß die molekulare Struktur bei beiden Modifikationen im Wesen identisch ist. In Tabelle 1 sind die gemessenen Werte — Dichte, kristalliner Anteil, Doppelbrechung, Schallgeschwindigkeit, Halbwinkel-Schwärzung, Größe der Kristallite, Langperioden, Festigkeit, Dehnung und Elastizitätsmodul — zusammengestellt. Aus den gemessenen Werten ist zu entnehmen, daß unterschiedliche Bedingungen bei der Deformation die Bildung unter-

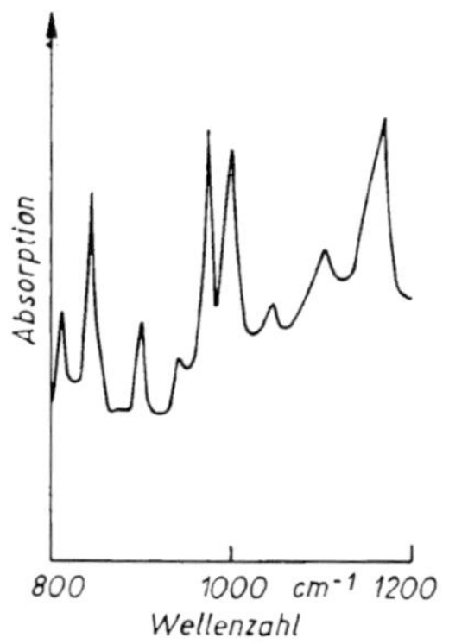

Bild 4. Infrarot-Absorptionsspektrum ungereckter PP-Fasern

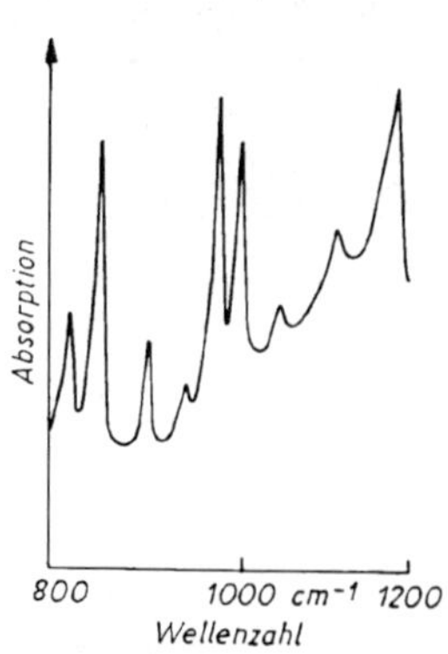

Bild 5. Infrarot-Absorptionsspektrum von PP-Fasern, gereckt bei normaler Temperatur, $\lambda = 5{,}5$

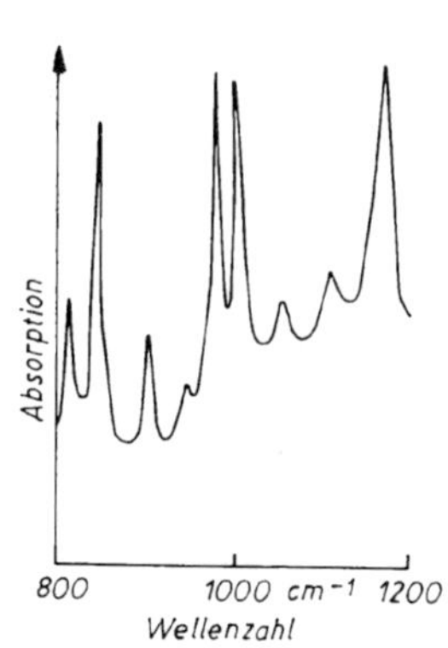

Bild 6. Infrarot-Absorptionsspektrum von PP-Fasern, gereckt bei erhöhter Temperatur, $\lambda = 6{,}5$

Tabelle 1. Einfluß der Deformation in der Faserlängsrichtung auf die Molekularstruktur und auf die physikalisch-mechanischen Eigenschaften von PP-Fasern, deformiert bei normaler (20 °C) *und bei erhöhter Temperatur des Milieus* (120 °C)

Bez. des Musters	Reck-verhältnis λ	Dichte g/cm³	Kristalliner Anteil %	Doppel-brechung $(n_\parallel - n_\perp) \times 10^3$	Halbwinkel-Schwärzung $d = 6{,}12$ Å	(110)	Schall-geschw. km/s	Größe der Kri-stallite Å	Klein-winkel-periode Å	Festig-keit p/den	Deh-nung %	Young-modul p/den
Deformiert bei normaler Temperatur (20 °C)	Ungereckte Fasern	0,8895	54	4,1	—	—	1,61	—	112	1,0	784	7,7
	1,5	0,8920	56	9,1	—	—	1,65	—	122	1,4	496	7,0
	2,0	0,8940	58	12,0	—	—	2,37	—	112	2,0	318	11,0
	2,5	0,8955	69	20,9	8,6	—	2,63	—	112	2,7	208	15,5
	3,0	0,8955	69	19,1	6,8	—	2,67	—	112	3,3	145	23,3
	3,5	0,8955	69	26,9	5,7	—	2,74	—	112	3,9	119	27,6
	4,0	0,8955	69	29,3	4,6	—	2,95	—	112	4,3	89	39,6
	4,5	0,8955	72	27,9	4,9	—	3,12	—	112	4,7	66	45,3
	5,0	0,8955	72	27,8	4,1	—	3,14	—	112	5,4	42	52,7
	5,5	0,8975	72	29,3	4,5	—	3,45	—	117	5,8	32	58,5
Deformiert bei erhöhter Temperatur (120 °C)	1,5	0,8950	56	9,6	—	—	1,61	95	134	1,3	320	10,7
	2,0	0,8990	58	18,2	—	12,4	1,98	106	134	2,0	237	15,3
	2,5	0,9000	61	20,7	—	10,9	2,19	104	134	2,6	159	19,7
	3,0	0,9020	65	22,3	—	7,2	2,43	103	134	3,2	123	23,6
	3,5	0,9030	66	28,0	—	6,1	2,60	103	134	3,7	89	31,2
	4,0	0,9065	68	27,5	—	4,5	2,86	102	141	4,3	38	40,2
	4,5	0,9100	70	28,0	—	4,4	2,93	92	134	5,1	29	46,3
	5,0	0,9120	74	31,3	—	3,9	3,17	90	148	6,1	28	60,3
	5,5	0,9120	79	31,6	—	3,7	3,28	82	141	6,9	25	60,9
	6,0	0,9120	79	31,9	—	3,5	3,44	79	141	7,4	23	67,3
	6,5	0,9140	80	33,2	—	3,5	3,66	75	141	8,0	21	85,5

schiedlicher molekularer Strukturen bedingen und damit auch Unterschiede der physikalisch-mechanischen Eigenschaften der PP-Fasern bewirken.

Auf den Bildern 7 und 8 ist die Änderung der Orientierungsfaktoren f_x, f_α und f_{am} in Abhängigkeit vom Reckverhältnis dargestellt. Aus den graphischen Darstellungen ist ersichtlich, daß die Orientierung der kristallinen Teile schon in den ersten Phasen der Deformation hoch, dagegen die Orientierung der nichtkristallinen Teile verhältnismäßig niedrig ist. Die Gründe dafür sind vor allem im chemischen Aufbau der Grundkette zu suchen, in der Verteilung ihrer Funktionsgruppen und der sekundären Bindungen. Die Deformationskraft, die eine Parallelordnung der Ketten bewirkt und deren Segmente in Richtung der Faserachse ausrichtet, erleichtert die Wechselwirkung zwischen den

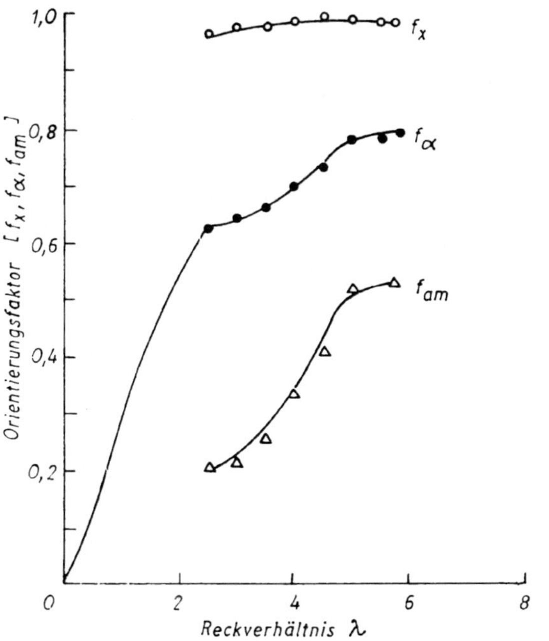

Bild 7. Abhängigkeit von f_x, f_α und f_{am} vom Reckverhältnis für PP-Fasern, deformiert bei normaler Temperatur (20 °C)

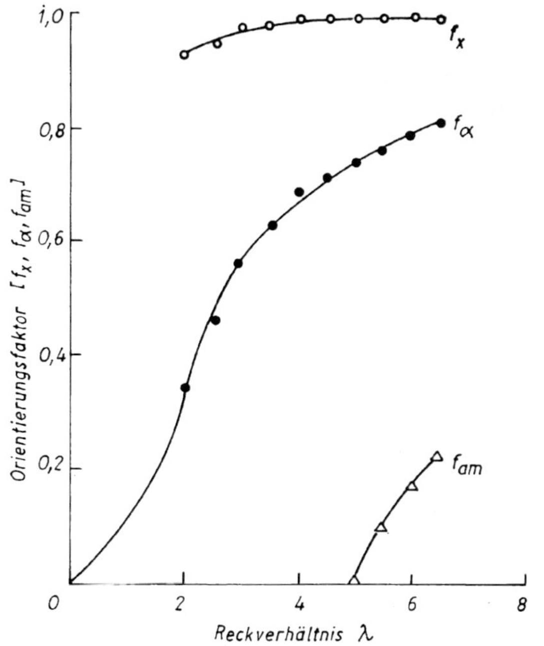

Bild 8. Abhängigkeit von f_x, f_α und f_{am} vom Reckverhältnis für PP-Fasern, deformiert bei erhöhter Temperatur (120 °C)

Ketten und damit auch die Bildung einer dreidimensionalen Anordnung, namentlich bei einer so regulären Kette, wie sie beim Polypropylen vorliegt. Die Wirkung der Deformationskraft wird bei der Orientierung und vor allem in den Bereichen mit regelmäßiger Anordnung bemerkbar sein. Im Bereich der nichtkristallinen Teile hingegen ist ein sehr geringer Wert zwischenmolekularer Bindungen und damit auch ein niedriger Widerstand gegenüber der Deformation vorhanden, denn nur bei erhöhtem Deformationsgrad und bei größerer Annäherung der Kettensegmente kommt es zu einer Wirksamkeit zwischenmolekularer Kräfte, zur Erhöhung des Widerstandes gegenüber der Deformation und damit auch zu einer Orientierung der Kettensegmente in Richtung der wirksamen Kraft. Diese Ansicht wird dadurch unterstützt, daß bei einer Reckung bei erhöhter Temperatur in den ersten Deformationsphasen die Orientierungsfaktoren für nichtkristalline Teile f_{am}-Werte zwischen $-0{,}043$ und $-0{,}5$ besitzen. Das Zusammenwirken der Deformationskraft und der Wärmeenergie macht sich durch das Anwachsen der Orientierung der kristallinen Bereiche, durch die rasche Umwandlung nichtkristalliner Anteile in die monokline Modifikation und durch das Anwachsen der Dichte bemerkbar. Die nichtkristallinen Anteile bleiben in den ersten Phasen praktisch unorientiert. Weil eine hohe Orientierung der kristallinen Bereiche bei hohem kristallinem Anteil erreicht wird, ist die geringere Orientierung der nichtkristallinen Bereiche, vom Standpunkt der physikalisch-mechanischen Eigenschaften der Fasern, kein Nachteil.

3. Zusammenfassung

In der Arbeit wurde der Einfluß unterschiedlicher Bedingungen bei der Deformation von PP-Fasern in der Faserlängsrichtung auf die Orientierung der kristallinen und der nichtkristallinen Bereiche und die physikalisch-mechanischen Eigenschaften untersucht.

Die gemessenen Werte weisen auf einen unterschiedlichen Verlauf der Orientierung der kristallinen und nichtkristallinen Bereiche in Abhängigkeit von den Deformationsbedingungen hin. Bei der Deformation ungereckter, smektisch-hexagonaler PP-Fasern bei normaler Temperatur kommt es zur Orientierung smektisch-hexagonaler Bereiche ohne Veränderung der Modifikation. Durch die Deformation ungereckter, smektisch-hexagonaler Fasern bei erhöhter Temperatur erreicht man schon in den ersten Phasen der Deformation eine Umwandlung der smektisch-hexagonalen in die monokline Modifikation. Bei der Deformation ungereckter PP-Fasern kommt es sowohl bei normaler als auch bei erhöhter Temperatur schon in den ersten Phasen der Deformation zu einer hohen Orientierung der kristallinen Anteile des Polymersystems.

Literatur

[1] *Jambrich, M., Diačik, I.*, und *Mitterpach, I.:* Beitrag zum Studium von Strukturveränderungen synthetischer Fasern bei Deformation in der Faserlängsrichtung. I. Polyamidfasern (PA-6-Fasern). Faserforsch. u. Textiltechnik **23** (1972) 1, S. 28–34.

[2] *Jambrich, M., Diačik, I.*, und *Kováč, J.:* Studium struktureller Veränderungen bei der Herstellung synthetischer Fasern. Chem. Vlákna (Chem. Fasern) **20** (1970) 6, S. 56 bis 72.

[3] *Diačik, I.*, und *Jambrich, M.:* Polymorphismus isotaktischen Polypropylens. Chem. Prům. (Chem. Ind.) **14** (1964) 3, S. 136–141.

[4] *Natta, G.*, und *Corradini, P.:* Crystal structure of a new type of polypropylene. Atti accad. nazl. Lincei, Classe sci. fis., mat. e nat **8** (1955) 4, Sez. II, S. 73–80.

[5] *Jambrich, M.*, und *Diačik, I.*; Verfolgung der Veränderungen von Textur und Struktur von Polypropylenfasern bei einer Deformation in der Faserlängsrichtung. Chem. Vlákna (Chem. Fasern) **9** (1959) 2, S. 3–17.

[6] *Sandeman, I.*, und *Keller, A.:* Cristallinity studies of polyamides by infrared, specific volume and X-ray methods. J. Polymer Sci. 19 (1956) S. 401–435.

Eingegangen am 26. August 1971

Untersuchung rheologischer Eigenschaften von Polyacrylnitril-Gelfäden mittels Recken

1. Mitt.: Untersuchungsmethodik

A. P. Neverov und Ė. A. Pakšver
Allunionsforschungsinstitut für Synthesefasern, Kalinin/UdSSR

DK 677.494.745.32:677.014.27:677.014.86:677.017.4 :539.374:539.371

Bei der ausgearbeiteten Methodik wird die beim Recken vorgenommene Gesamtdeformation in einen hochelastischen und einen plastischen Anteil zerlegt. Es wird gezeigt, daß im Bereiche der Reckgeschwindigkeit 46 bis 460 mm/min und der Deformationsgeschwindigkeit $6 \cdot 10^{-3}$ bis $12{,}3 \cdot 10^{-3}$ s^{-1} die Deformationsbedingungen keinen Einfluß auf die Abhängigkeit der Spannung von der Deformation und auf die Größe der hochelastischen und plastischen Deformation ausüben. Dieser Befund läßt sich durch ein starkes Abbremsen der Relaxationsprozesse in Polyacrylnitril-Gelfäden, die in Wasser/Dimethylformamid-Fällbädern ersponnen wurden, erklären.

Исследование реологических свойств полиакрилонитрильных гель-волокон методом растяжения
Сообщ. 1-е Методика исследования

Осуществлено разделение общей деформации растяжения на высокоэластическую и пластическую. Показано, что в диапазоне скорости растяжения 46—460 мм/мин и скорости деформации от $6 \cdot 10^{-3}$ до $12{,}3 \cdot 10^{-3}$ сек$^{-1}$ режим деформирования не влияет на зависимость ,,напряжение-деформация" и на величины высокоэластической и пластической деформаций. Этот факт объясняется сильной заторможенностью релаксационных процессов в полиакрилонитрильных гель-волокнах, сформованных в водно-диметилформамидные осадительные ванны.

Investigation of the Rheological Properties of Polyacrylonitrile Gel Filaments by Drawing
1st Comm.: Method of Investigation

The method presented is based on dividing the overall deformation achieved by drawing into a highly elastic and a plastic component. The conditions of deformation were found to have no effect on the dependence of the stress on the deformation and on the amount of the highly elastic and plastic deformation at drawing speeds of 46 to 460 mm/min and deformations speeds of $6 \cdot 10^{-3}$ to $12.3 \cdot 10^{-3}$ s^{-1}. This can be explained by an intense retardation of the relaxation processes in polyacrylonitrile gel filaments being spun in water-dimethylformamide coagulation bathes.

Es ist bekannt, daß einer der technologischen Hauptprozesse der Produktion von Chemiefaserstoffen das Recken der frisch ersponnenen Fäden ist [1, 2, 3], das man durch einen Komplex rheologischer Eigenschaften charakterisieren kann [4]. Dennoch findet man in der Literatur praktisch keine Angaben über eine systematische Untersuchung der rheologischen Eigenschaften von Fäden, insbesondere für das Erspinnen aus der Lösung.

Wir haben den Versuch unternommen, am Beispiel von Polyacrylnitril-Gelfäden deren rheologische Eigenschaften mittels Recken zu untersuchen, einer Methode, die in letzter Zeit eine breite Anwendung für die Untersuchung von Polymeren gefunden hat [4, 5].

1. Methodischer Teil

Die Vorrichtung für das Recken der Gelfäden unterscheidet sich prinzipiell nicht von der in [5] beschriebenen (vgl. Tabelle 1). Mit ihrer Hilfe konnte die Deformation sowohl mit konstanter Reckgeschwindigkeit ($v =$ const) als auch mit konstanter Deformationsgeschwindigkeit ($\dot{\varepsilon} =$ const) vorgenommen werden.

Die Fadenspannung wurde mit Hilfe eines Zusatzgerätes vom Typ MS-1 registriert, dessen Meßschema nach dem einer sechsarmigen Meßbrücke [6] für das Messen kleiner Widerstände umgeändert wurde. Die auf einem Stab befindliche Meßrolle des Spannungsgebers tauchte in eine Wanne mit Flüssigkeit ein, in der der Faden gereckt wurde.

Die Klemmen für den Faden waren gefedert. Die sich über der Zeit verändernde Probenlänge wurde mit Hilfe eines Lineals kontrolliert, das eine Millimeterteilung hatte. Die Anfangslänge des Fadens wurde vorher anhand der Stellung des Zeigers der beweglichen Klemme auf dem Lineal bestimmt, wobei die Anzeige des Spannungsgebers Null betrug.

Die Veränderung der Querschnittfläche der Probe, die für die Berechnungen der Spannungen bekannt sein muß, wurde rechnerisch unter Annahme einer Volumenkonstanz bestimmt. Der anfängliche Querschnitt der Ausgangsprobe wurde bei rundem Querschnitt anhand des Durchmessers und für unrunde Querschnitte mittels Wägung bestimmt [7, 8]. Die Ungleichmäßigkeit der Änderung der Querschnittsfläche längs des Fadens beim Recken, die durch Fotografieren des Durchmessers während des Versuchs ermittelt wurde, betrug $\pm 15\%$, was mit der Ungleichmäßigkeit der Ausgangsprobe vergleichbar ist (Tabelle 2).

Die Aufteilung der Gesamtdeformation in einen hochelastischen und einen plastischen Anteil wurde durch Auswertung der Kurven für die zeitliche Relaxation der Länge vorgenommen, die bei verschiedenen Reckgraden erhalten worden waren.

Die Fadenprobe wurde bis zu einer vorgegebenen Länge gedehnt, danach wurde die bewegliche Klemme unter Anwendung eines Umkehrmotors bis zu einem starken Durchhängen der Probe zurückgefahren. Nach bestimmten Zeitintervallen wurde die Probe schwach gespannt (Anzeige des Spannungsgebers gleich Null) und ihre Länge bestimmt, die dann einer bestimmten Relaxationszeit entsprach. Indem man bei jedem Versuch den vorgegebenen Reckgrad ändert, erhält man eine vollständige Kurve für den Anteil der hochelastischen und der plastischen Deformation.

Die Auswertung der Kurven für die Relaxation der Länge wurde nach einem rechnerisch-graphischen Verfahren nach der von *Slonimskij* und *Rogovina* [9] vorgeschlagenen Methodik für die Spannungsrelaxation durchgeführt. Hierbei gingen wir davon aus, daß die Längenrelaxation (Bild 1) einem Exponentialgesetz gehorcht:

$$l(t) = l_f + l_r \cdot e^{-\alpha t^k},$$

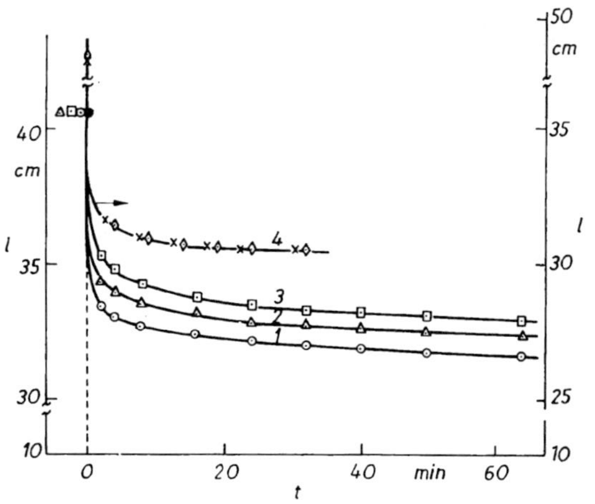

Bild 1. Relaxation der Länge eines Gelfadens
Probe Nr. 4: 1 — Reckgeschwindigkeit $v = 350$ mm/min; Erholungszeit $t_0 = 4$ s;
2 — $v = 350$ mm/min; $t_0 = 30$ s;
3 — $v = 62$ mm/min; $t_0 = 12$ s;
Probe Nr. 3: 4 — ◊ — $v = 360$ mm/min; × — $\dot{\varepsilon} = 1{,}17 \cdot 10^{-2}$

wobei l_f die bleibende Länge und l_r die Größe ist, um die die Länge l in der Zeit t relaxiert.

Durch Umformungen erhält man aus Gleichung (1) folgende Beziehung:

$$\varphi = \lg^2 \frac{l_2 - l_f}{l_3 - l_f} - \lg \frac{l_1 - l_f}{l_2 - l_f} \cdot \lg \frac{l_3 - l_f}{l_4 - l_f}; \tag{2}$$

hierbei entsprechen l_1, l_2, l_3, l_4 den gewählten Zeiten t_1, t_2, t_3, t_4, die gemäß einer geometrischen Reihe anwachsen [9].

Es wird eine Reihe von l_f-Werten von l_0 bis $l_{fn} < l_4$ vorgegeben, und die entsprechenden Größen φ werden berechnet[1]). Dann wird der Logarithmus des absoluten φ-Wertes gegen die vorgegebenen l_f-Werte aufgetragen (Bild 2). Mit einem bestimmten Genauigkeitsgrad wird der untere Teil der Kurve durch eine Gerade approximiert, und dann wird mit ihr der obere Teil der Kurve verbunden. An den Verbindungspunkten (Bild 2c und d) wird die bleibende Länge bestimmt. Dieser Punkt hat einen bestimmten physikalischen Sinn, der darin besteht, daß der Punkt bedingt einen Übergang von dem exponentiellen Gesetz der Längenrelaxation zu einer langsameren Relaxation darstellt. Die durch Berechnung bis zu einer vorgegebenen Genauigkeit erhaltenen Punkte (Bild 2a und b) haben keinen physikalischen Sinn.

[1]) Die Berechnung der φ-Werte wurde auf der elektronischen Datenverarbeitungsanlage „MIR-I" durchgeführt.

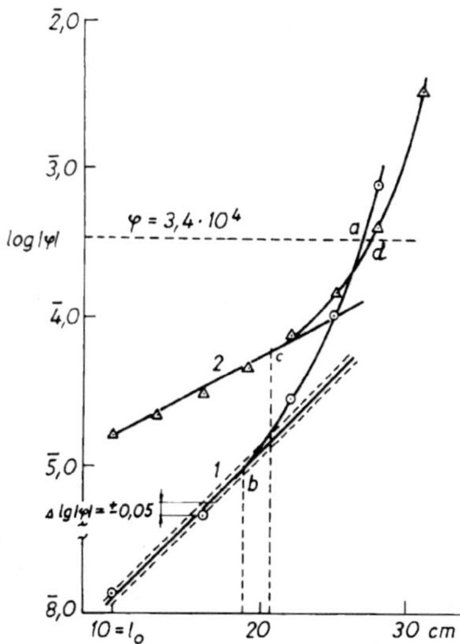

Bild 2. Beispiel für die Bestimmung der bleibenden Länge l_f anhand der Kurve 1 aus Bild 1
1 — $t_1 = 3$ min; 2 — $t_1 = 4$ min

Die Auswertung der Meßergebnisse wurde nach den allgemein benutzten Gleichungen [5, 10]

$$p = F/S, \tag{3}$$

$$\varepsilon = \ln l/l_0 \tag{4}$$

durchgeführt. Hierbei bedeuten: p in dyn/cm^2 die Spannung im Faden, die durch die Zugkraft F und die Fläche des laufend sich verändernden Querschnitts der Probe S bestimmt wird, und ε die relative Gesamtdeformation, die aus der Anfangslänge l_0 und der jeweiligen Länge l der Probe bestimmt wird.

Die plastische und die hochelastische Komponente der Gesamtdeformation wurden mit Hilfe der Gleichungen

$$\varepsilon_f = \ln l_f/l_0, \tag{5}$$

$$\varepsilon_e = \varepsilon - \varepsilon_f \tag{6}$$

ermittelt.

Die Geschwindigkeit der Gesamt-($\dot{\varepsilon}$), plastischen ($\dot{\varepsilon}_f$) und hochelastischen Deformation ($\dot{\varepsilon}_e$) wurde graphisch bestimmt (zum Beispiel: $\dot{\varepsilon}_f = \partial\varepsilon_f/\partial t = \Delta\varepsilon_f/\Delta t$). Für die Deformationsbedingung $\dot{\varepsilon} = \text{const}$ ergibt sich eine lineare Abhängigkeit der Gesamtdeformation von der Zeit: $\varepsilon = \dot{\varepsilon} \cdot t$. Die Längsviskosität λ (dyn · s/cm^2) wurde anhand der Gleichung $\lambda = p/\dot{\varepsilon}_f$ berechnet. Die technischen Kennwerte der Meßvorrichtung und die hauptsächlichen Meßfehler sind in den Tabellen 1 bzw. 2 zusammengestellt.

Tabelle 1. Technische Kennziffer der Meßvorrichtung

Nr.	Kennziffer	Größe
1	Grenzen der stufenlosen Regelung der Umdrehungen der Welle des Elektromotors für den Betrieb der beweglichen Klemme	360···3600 U/min
2	lineare Geschwindigkeit der beweglichen Klemme (v) für die drei Stufen des Zahnradgetriebes	1,5···15 mm/min 8,5···85 mm/min 46···460 mm/min
3	minimale Anfangslängen der Fadenprobe (l_0)	10 cm
4	maximale laufende Länge der Probe (l)	84 cm
5	Grenzen der Deformationsgeschwindigkeit ($\dot{\varepsilon}$)	$5 \cdot 10^{-5} \cdots 7{,}5 \cdot 10^{-2}\,\text{s}^{-1}$
6	Empfindlichkeit des Kraftgebers (ΔF)	0,2 p
7	Obere Grenze des Kraftgebers (F_{max})	60 p

Tabelle 2. Statistische Kriterien [11]

Nr.	gemessene Größe	mittlerer Fehler der Einzelmessung $\sigma = \sqrt{\frac{\Sigma (x - \bar{x})^2}{n-1}}$	Variationskoeffizient (Reproduzierbarkeit) $V = \frac{\sigma \cdot 100}{\bar{x}}$ %	Meßgenauigkeit $\beta = \frac{V}{\sqrt{n}}$ %
1	2	3	4	5
1.	lineare Geschwindigkeit der beweglichen Klemme (v, mm/min)	2,11	1,47	0,55 (n = 7)
2.	Deformationsgeschwindigkeit ($\dot{\varepsilon}$)			
	bei: $\dot{\varepsilon}_1 = 6{,}09 \cdot 10^{-3}\,s^{-1}$	$0{,}66 \cdot 10^{-4}$	1,08	0,34 (n = 10)
	$\dot{\varepsilon}_2 = 11{,}63 \cdot 10^{-3}\,s^{-1}$	$1{,}19 \cdot 10^{-4}$	1,03	0,38 (n = 7)
3.	*) Abweichung der mittleren Deformationsgeschwindigkeit von der vorgegebenen	—	—	—
4.	Zugkraft des Fadens (F, p)	0,426	8,1	2,56 (n = 10)
5.	Querschnittfläche des Ausgangsfadens mit rundem Querschnitt: aus dem Durchmesser berechnet (S_{od}, cm²)	$0{,}54 \cdot 10^{-4}$	12,1	1,94 (n = 39)
	nach der Wägemethode erhalten (S_{op}, cm²)	$0{,}63 \cdot 10^{-4}$	14,95	2,43 (n = 38)
6.	Scherspannung (p, dyn/cm²) bei: $\varepsilon_1 = 0{,}1906$	$0{,}13 \cdot 10^{7}$	11,7	3,9 (n = 9)
	$\varepsilon_2 = 0{,}6627$	$0{,}44 \cdot 10^{7}$	13,5	4,3 (n = 10)
	$\varepsilon_3 = 1{,}0900$	$0{,}68 \cdot 10^{7}$	9,7	3,1 (n = 10)
	$\varepsilon_4 = 1{,}5041$	$1{,}65 \cdot 10^{7}$	13,2	5,9 (n = 5)
7.	Relaxation der Probenlänge bei: $\varepsilon = 1{,}09$ (n = 10):	0,29	1,94	0,61
	a) bleibende Länge (l_f)			
	b) hochelastische Deformation (ε_e)	$2{,}65 \cdot 10^{-2}$	2,83	0,90
	c) Zunahmegeschwindigkeit der plastischen Deformation ($\dot{\varepsilon}_f$, s⁻¹)	$0{,}31 \cdot 10^{-3}$	13,44	4,25
	d) Längsviskosität (λ, dyn · s/cm²)	$0{,}62 \cdot 10^{10}$	22,3	7,07

*) relativer Fehler $\delta = (x - \bar{x}) \cdot 100/\bar{x} = 2\%$

2. *Experimentelle Ergebnisse*

Untersucht wurden Fäden aus einem Copolymeren des Acrylnitrils mit Methylmethacrylat und Allylsulfonat (92,5:6:1,5). Die Fäden wurden mit Hilfe einer Laborspinnvorrichtung [2] unter Anwendung einer Einlochdüse aus Dimethylformamidlösungen ersponnen, wobei als Fällbad ein Gemisch aus Wasser und Dimethylformamid angewandt wurde. Der Faden wurde hinter der Abzugsgalette in einer kleinen Wanne mit demselben Fällbad aufgenommen, in dem der Faden ersponnen worden war, damit sich das Diffusionsgleichgewicht einstellen konnte. Die Kennwerte der Proben sind in Tabelle 3 aufgeführt. Das Recken wurde im Fällbad bei einer Temperatur von 20 bis 22°C durchgeführt.

Tabelle 3. Charakteristik der Gelfäden

Proben Nr.	Düse Lochzahl mm ⌀	DMF-Konz. im Fällbad Vol.%	Querschnittfläche der Ausgangsprobe S_0 cm²
1	1/0,15	76	$3{,}24 \cdot 10^{-4}$
2	1/0,15	76	$9{,}50 \cdot 10^{-4}$
3	1/0,25	82	$4{,}24 \cdot 10^{-4}$
4	1/0,25	73	$2{,}96 \cdot 10^{-4}$
5	1/0,25	80	$2{,}27 \cdot 10^{-4}$
6	1/0,25	80	$4{,}36 \cdot 10^{-4}$

Es wurde der Einfluß der Deformationsbedingungen, der Erholungszeit, d. h. der Zeit, die für das Umschalten und Ablesen der Länge benötigt wurde, und der für die Relaxationskurven gewählten Zeit t_1 auf die bleibende Länge des Gelfadens untersucht.

Durch die Kurve 4 in Bild 1 ist gezeigt, daß in einem gegebenen Geschwindigkeitsbereich die Deformationsbedingungen keinen Einfluß auf die Relaxation der Länge ausüben. Aus der gegenseitigen Lage der Kurven 1, 2 und 3 ist ersichtlich, daß innerhalb der „Erholungs-

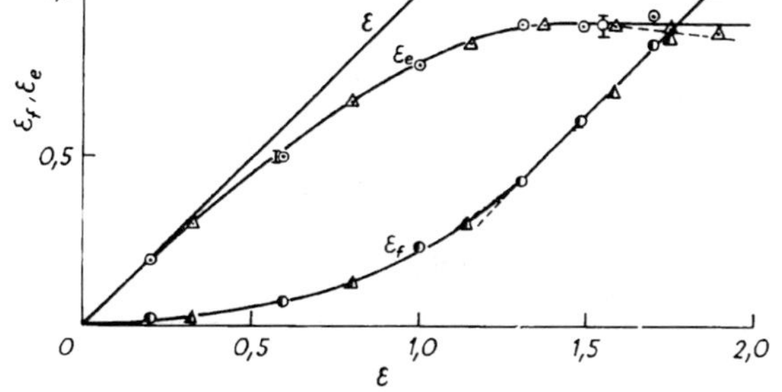

Bild 3. Abhängigkeit der hochelastischen (ε_e) und plastischen Deformation (ε_f) von der Gesamtdeformation (ε) und von den Deformationsbedingungen

$l_0 = 10$ cm

△, ▲ Probe Nr. 5: $v = 353$ mm/min;
⊙, ◐ Probe Nr. 6: $\dot{\varepsilon} = 1 \cdot 10^{-2}\,s^{-1}$

Tabelle 4. Abhängigkeit der bleibenden Länge l_f von der Reckgeschwindigkeit v und der Zeit t_1. l = 40,5 cm

Nr. der Kurve in Bild 1	1				2				3			
gewählte Zeit t_1 min	2	3	4	8	2	3	4	8	2	3	4	8
bleibende Länge l_f cm	19,0	18,8	20,6	19,5	18,5	20,5	19,5	19,5	19,0	19,5	20,0	20,5

Mittlere bleibende Länge 19,55 cm, Standardabweichung $\sigma = \pm$ 0,70 cm, Reproduzierbarkeit $V = \pm$ 3,58%

zeit" ein größerer oder kleinerer Teil der gespeicherten Spannungen relaxieren kann, und dementsprechend verläuft die Relaxation der Länge mit unterschiedlicher Geschwindigkeit. Jedoch kann man die bleibenden Längen innerhalb der Fehlergrenzen als gleich betrachten (Tabelle 4).

In Bild 3 ist gezeigt, daß die hochelastische (ε_e) und die plastische (ε_f) Komponente der Gesamtdeformation (ε) von den Deformationsbedingungen (v = const und $\dot{\varepsilon}$ = const) unabhängig sind, da die Größe der zu Beginn der Relaxation gespeicherten Spannung in beiden Fällen gleich ist (Bild 1, Kurve 4, und Bild 5). Dies findet seine Erklärung in der starren Struktur der Polyacrylnitril-Gelfäden [12] und den stark gebremsten Relaxationsprozessen.

In der Tat, das Anwachsen der hochelastischen Deformation ist durch das Verhältnis der Geschwindigkeit der Strukturrelaxation des Gels zur Reckgeschwindigkeit bedingt. Je höher die Reckgeschwindigkeit ist, desto größer ist der Grad des Durchgleitens von Bereichen im Polymernetzwerk des Gels, und die Änderungen der Konformation können nicht im gebührendem Maße ablaufen. Deshalb entwickeln sich unter der Bedingung v = const, wo $\dot{\varepsilon} = v/l$ erheblich größer ist, keine höheren elastischen Deformationen und Spannungen.

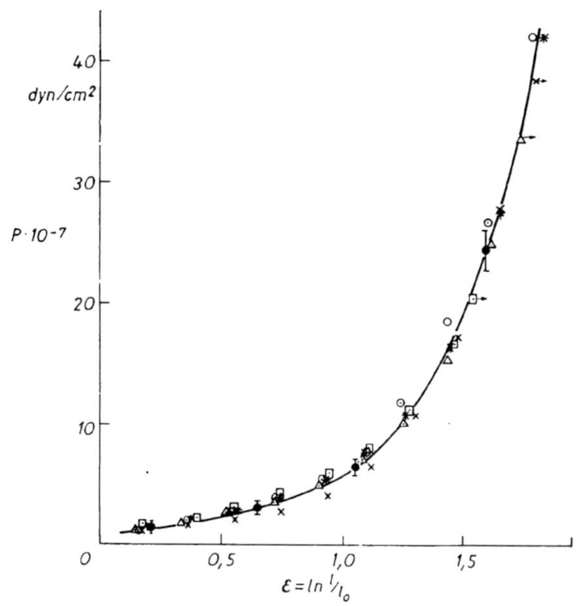

Bild 4. Abhängigkeit der Spannung von der Deformation bei unterschiedlicher Lagerungszeit des ersponnenen Gelfadens im Fällbad

Lagerungszeit: × — 10 min; ⊙ — 30 min; ✳ — 6 h; △ — 24 h; ⊡ — 30 h; l_0 = 12,9 cm; Probe Nr. 1; $\dot{\varepsilon} = 6 \cdot 10^{-3}\,s^{-1}$; •→ Fadenbruch

Es wurde der Einfluß der Lagerungszeit des Fadens im Fällbad nach dem Erspinnen zwecks Einstellung des Diffusionsgleichgewichtes im Gelfaden untersucht. Bei Lagerungszeiten von 10 min bis 30 h wurde innerhalb der Fehlergrenzen kein Unterschied hinsichtlich des Verhaltens der Fäden beim Deformieren beobachtet (Bild 4). Aber hierbei wurde eine gewisse Abnahme der Reißdehnung festgestellt. Diese Daten bestätigen bekannte Schlußfolgerungen, daß nämlich die Diffusionsprozesse beim Erspinnen von Polyacrylnitrilfäden in der Hauptsache im Verlaufe einiger Sekunden beendet sind. Die Struktur des Gelfadens verändert sich jedoch stetig weiter; anscheinend verdichtet sie sich, was sich in den Reißkennwerten widerspiegelt. Eine Änderung der Geschwindigkeitsbedingungen der Deformation im Bereich der Reckgeschwindigkeiten 46 bis 460 mm/min verändert die Form der Spannungs-Deformations-Kurve (Bild 5) nicht. Zur Erklärung dieser Ergebnisse kann man zwei Hypothesen aufstellen.

Erstens, bei Polymeren mit starrer Kette, zu denen Homo- und Copolymere auf Basis Acrylnitril zählen, können die Spannungen im Polymernetzwerk des Gelfadens infolge gebremster Relaxationsprozesse nicht vollständig relaxieren (s. oben).

Zweitens, beim Recken des Gelfadens laufen Prozesse ab, die einerseits mit der Orientierung radialer Strukturelemente [13] und deren möglichem Durchgleiten und andererseits mit einer nichtlinearen Änderung der Polymerkonzentration im stetig sich verändernden Fadenquerschnitt verknüpft sind.

Anscheinend sind für den Reckprozeß von Polyacrylnitril-Gelfäden diese beiden Annahmen richtig.

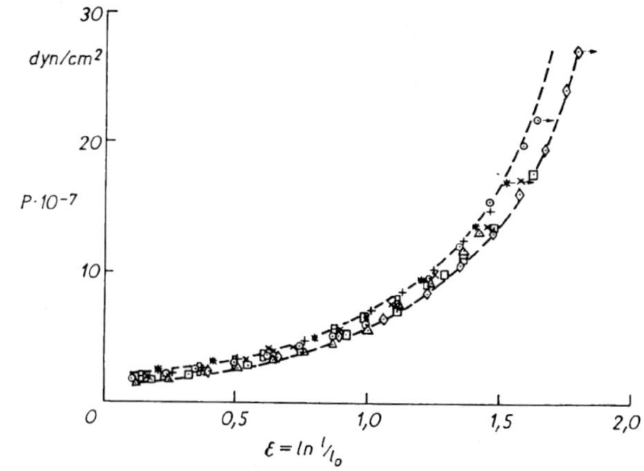

Bild 5. Abhängigkeit der Spannung von der Deformation bei verschiedenen Deformationsbedingungen

×, ⊙, △, ⊡ — $\dot{\varepsilon} = 6 \cdot 10^{-3}\,s^{-1}$;
✳, +, ⊡ — $\dot{\varepsilon} = 12 \cdot 10^{-3}\,s^{-1}$; ◊ — v = 369 mm/min;
Probe Nr. 2; l_0 = 12,9···18 cm; •→ — Fadenbruch

Neverov und *Pakšver:* Untersuchung rheologischer Eigenschaften von Polyacrylnitril-Gelfäden mittels Recken. 1. Mitt.

Zusammenfassung

Es wurde eine Methodik für die Untersuchung der rheologischen Eigenschaften von Polyacrylnitril-Gelfäden mittels Recken bei konstanter Reckgeschwindigkeit (v = const) und konstanter Deformationsgeschwindigkeit ($\dot{\varepsilon}$ = const) ausgearbeitet.

Die beim Recken vorgenommene Gesamtdeformation (ε) wurde in einen hochelastischen (ε_e) und einen plastischen (ε_f) Anteil mit Hilfe einer rechnerisch-graphischen Methode zerlegt, wobei für die Relaxation der Fadenlänge ein Exponentialgesetz angenommen wurde.

Es wurde gezeigt, daß bei einer Temperatur von 22°C im Bereich der Reckgeschwindigkeit 46 bis 460 mm/min und der Deformationsgeschwindigkeit $6 \cdot 10^{-3}$ bis $12{,}3 \cdot 10^{-3}\ s^{-1}$ die Deformationsbedingungen keinen Einfluß auf die Abhängigkeit der Spannung sowie der hochelastischen und der plastischen Deformation von der Gesamtdeformation ausüben. Dies erklärt sich durch die stark gebremsten Relaxationsprozesse in Polyacrylnitril-Gelfäden, die in Wasser/Dimethylformamid-Fällbädern ersponnen wurden.

Literatur

[1] *Papkov, S. P.:* Habilitationsschrift, Moskva 1966.

[2] *Semenov, Ju. P., Pakšver, Ė. A.* und *Strel'cov, A. A.:* Sammelband. „Synthetische Faserstoffe". Moskva: Chimija 1969, S. 103.

[3] *Pugač, B. M., Perepelkin, K. E., Lobanov, N. V.,* und *Sorokin, E. Ja.:* Untersuchung des Geschwindigkeitsfeldes in der Verstreckungszone von Chemiefaserstoffen. Chim. Volokna (Chem. Fasern) (1968) 2, S. 14 16; dt. in: Sowj. Beitr. Faserforsch. Textiltechnik **5** (1968) 7, S. 350 bis 353. *Pugač, B., Lelinkov, O., Perepelkin, K.,* und *Utevskij, L.:* Bestimmung der Lage der tatsächlichen Orientierungszone bei der Verstreckung von Chemiefaserstoffen. Chim. Volokna (Chem. Fasern) (1969) 2, S. 77.

[4] *Raduškevič, B. V., Fichman, V. D., Vinogradov, G. V.:* Sammelbd. „Fortschritte der Reologie von Polymeren". Moskva: Chimija 1970. S. 24.

Raduškevič, B. V., Fichman, V. D., und *Vinogradov, G. V.:* Mech. Polimerov (Mechanik der Polymeren) (1968) 2, S. 343.

[6] *Karandeev, K. B.:* Spezielle Methoden elektrischer Messungen. Moskva/Leningrad: Gosenergoizdat 1963.

[7] *Kiselev, A. K.,* und *Pjatnickij, V. D.:* Neue Methode zum Bestimmen der Querabmessungen von Fäden und Garnen. Tekstil. Prom., Moskva (Textil-Ind.) **29** (1969) 9, S. 50–52.

[8] *Semenov, Ju. P., Kostromin, V. P., Strel'cov, A. A., Semenova, N. A., Ševčenko, L. N.,* und *Pakšver, Ė. A.:* Einfluß der Fällungs- und Reckbedingungen auf die Eigenschaften von Polyacrylnitrilfaserstoff. Chim. Volokna (Chem. Fasern) im Druck.

[9] *Slonimskij, G. L.,* und *Rogovina, L. Z.:* Bestimmung der mechanischen Kriterien eines polymeren Materials aus der Relaxation der Spannung bei konstanter Deformation. Vysokomol. Soed. (Hochmol. Verbind.) **6** (1964) 4, S. 620–623; dt. in: Sowj. Beitr. Faserforsch. Textiltechnik **1** (1964) 4, S. 173–175.

[10] *Kargin, V. A.,* und *Sogolova, T. I.:* Ž. fizič. Chimii (Z. physik. Chem.) **23** (1949) S. 540.

[11] *Dlin, A. M.:* Mathematische Statistik in der Technik. Verlag Nauka 1958.

[12] *Kobayashi, H., Sasaguri, K., Fujisaka, Y.,* und *Amano, T.:* Einfluß des Molekulargewichts und seiner Verteilung auf das Strecken eines Polyacrylnitrilgels. J. Polymer Sci., Part. A **2** (1964) 1, S. 313–331.

[13] *Serkov, A. T., Kudrjavcev, G. I., Klimenkov, V. S., Kotomina, I. N., Serkova, L. A.,* und *Dorofeev, N. A.:* Gelenkte Strukturbildung beim Ausfällen von Polymeren aus Lösungen. Vysokomol. Soed. (Hochmol. Verbind.) B **11** (1969) 2, S. 141–144; dt. in: Sowj. Beitr. Faserforsch. Textiltechnik **6** (1969) 6, S. 285–287. *Serkov, A. T., Kudrjavcev, G. I.,* und *Serkova, L. A.:* Strukturbildung beim Ausfällen amorpher Polymerer aus konzentrierten Lösungen. Vysokomol. Soed. (Hochmol. Verbind.), Serie B: Kratkie Soobšč. (Kurzmitt.) **12** (1970) 8, S. 583–585; dt. in: Sowj. Beitr. Faserforsch. Textiltechnik **7** (1970) 12, S. 632–634. *Meširov, M. S.:* Dissertation Kalinin 1969.

Eingegangen am 3. September 1971

Beiträge zur Schmelzepolykondensation von Polyäthylenterephthalat im offenen System

IV. Zur zeitlichen Verfolgung der Polykondensation durch IR-Spektroskopie[1])

Heinz-Dieter Schumann[2])
Großforschungszentrum Chemieanlagen, Dresden

DK 677.494.674'524'420:677.017.56:536.494:677.017.4:677.019.35

In einer speziellen Heizküvette wird die Polykondensation von PÄT in ruhender dünner Schmelzeschicht bei 280 °C und 1 Torr infrarotspektroskopisch verfolgt.

К поликонденсации полиэтилентерефталата в расплаве в открытой системе
IV. К исследованию хода поликонденсации при помощи ИК-спектроскопии

Поликонденсация полиэтилентерефталата в тонком слое расплава без размешивания прослеживалась при применении ИК-спектроскопии в специальной обогреваемой кювете при 280°C и 1 мм рт. ст.

Contributions to the Melt Polycondensation of Polyethylene Terephthalate in an Open System.
IV. Time Dependence of the Polycondensation Process as Measured by IR Spectroscopy

The polycondensation process in unmoved layers of PET melts has been investigated by IR spectroscopy at 280 and 1 Torr in a special heating cuvette.

1. Einleitung

Zur Aufklärung der Reaktionskinetik auch höhermolekularer Verbindungen eignen sich physikalische Methoden sehr gut, da es mit ihrer Hilfe gelingt, Veränderungen ohne Eingriff in das System festzustellen. Während z. B. Probenahmen und deren Analytik zum Teil sehr aufwendig sind, besteht u. a. eine elegante Methode darin, das Reaktionsmedium infrarotspektroskopisch zu untersuchen. Im Falle einer Polykondensation kann dann aus der Veränderung der IR-Intensitäten charakteristischer Schwingungen der Endgruppen auf die zeitliche Änderung der Durchschnitts-Molekülmasse geschlossen werden.

Im Falle der Polykondensation von Polyäthylenterephthalat (PÄT) wird während der Reaktion Glykol abgetrieben, und die Konzentration der 2-Hydroxyäthylester-Endgruppen nimmt ab gemäß

$$2 \sim \underset{\underset{\displaystyle O}{\|}}{C}-O-CH_2-CH_2-OH \rightleftharpoons \sim\underset{\underset{\displaystyle O}{\|}}{C}-O-CH_2-CH_2-O-\underset{\underset{\displaystyle O}{\|}}{C}\sim + HOCH_2-CH_2OH\nearrow$$

Die Infrarotspektrographie eignet sich für diese Untersuchung gut, da die OH-Gruppe sehr polar ist und demzufolge ziemlich intensive Absorption aufweist. Jedoch ist zu beachten, daß auch die OH-Schwingungsbanden von Wasser (Wasserdampf der Luft) in diesem Bereich liegen und zu Verfälschungen des Ergebnisses Anlaß geben können. Über IR-Messungen an PÄT existiert eine Anzahl von Arbeiten. Einige Autoren befaßten sich dabei mit den Oligomeren [1 bis 4], während andere das Spektrum angaben [5] bzw. die Strukturaufklärung vornahmen [6, 7], die auf die Untersuchung der Rotationsisomerie bzw. des Kristallinitätsgrades ausgedehnt sowie z. T. durch Deuterierungsversuche ergänzt wurden [8 bis 34]. Das Spektrum von PÄT im fernen Infrarot gibt *Hummel* [35] an. Alle genannten Untersuchungen beziehen sich vorwiegend auf den festen Zustand — über einige Besonderheiten bei der Präparationstechnik von PÄT, vgl. auch [36]. An PÄT-Schmelzen scheinen noch keine IR-Untersuchungen durchgeführt worden zu sein.

Über die IR-spektroskopische OH-Endgruppenbestimmung an Polypropylenglykolen im Bereich der rel. Molekülmassen von etwa 740 bis 2000 g mol^{-1} berichteten *Burns* und *Muraca* [37]. An PÄT hat *Langbein* [38] die mittleren Moleküle durch die Intensität der OH-Valenzschwingungsbande bestimmt, nachdem *Daniels* und *Kitson* [39] diese Möglichkeit andeuteten und *Ward* [40] bzw. *Ravens* und *Ward* [41] die IR-Extinktionskoeffizienten der Alkohol- und Säure-OH-Absorptionen ermittelten.

2. Experimenteller Teil

Aus Gründen des Aufwandes haben wir uns beim Aufbau der Meßeinrichtung darauf beschränkt, die Polykondensation in ruhender Schicht zu untersuchen. Unseres Wissens ist bisher keine Ultrarotküvette in der Literatur beschrieben worden, die es gestattet, gerührte Prozesse zu verfolgen, zumal unter den Bedingungen der Polykondensation von PÄT (280 °C, 1 Torr).

Im Rahmen dieser Arbeit sollte also untersucht werden, inwiefern ultrarotspektroskopisch die Möglichkeit besteht, die Kinetik der Polykondensation von PÄT in dünner Schicht zu verfolgen. Für diesen Zweck wurde eine besondere Heizküvette konstruiert, die es gestattet, die Polykondensation direkt im Strahlengang des Ultrarotspektrographen zu verfolgen.

2.1. Aufbau der Apparaturen

Wie aus Bild 1 zu ersehen ist, besteht die Küvette im wesentlichen aus einem VA-Stück (Pos. 2), das von einem Kupfermantel (Pos. 1) mit Heizbändern umgeben ist. Über Trafo und Fallbügelregler gelingt es, die Temperatur auf ± 0,5 grd konstant zu halten (Kontrolle durch ein Halbgradthermometer, das in eine Bohrung des Kupfermantels eingeführt ist). Nach Aufheizen des Kupfermantels wird die Substanz durch den Vakuumstutzen (Pos. 5) in den Reaktionsraum gebracht, der durch zwei Siliciumscheiben (Pos. 6) begrenzt ist.

Daß sich Silicium als ultrarotdurchlässiges Material gut verwenden läßt, zeigten *Wagner* und *Bohm* [42] in einer Veröffentlichung. Silicium scheint besonders gut für diese Zwecke geeignet zu sein, da mit ziemlich großen Temperaturdifferenzen zu rechnen ist und das Natriumchlorid-Material oder auch Kaliumbromid-Preßlinge platzen würden. Außerdem ist zu befürchten, daß Kaliumbromid-Preßlinge beim Erhitzen auf Temperaturen nahe 300°C sich trüben und damit ein großer Teil des Ultrarotlichtes durch Streuung verlorengeht.

[1]) III. Mitt.: *H.-D. Schumann*, Zum Einfluß von Transportvorgängen bei der Schmelzepolykondensation von Poly(äthylenterephthalat (Vorkondensation). J. prakt. Chemie **313** (1971) S. 511—528.

[2]) Teil der Habilitaion, Technische Universität Dresden 1970.

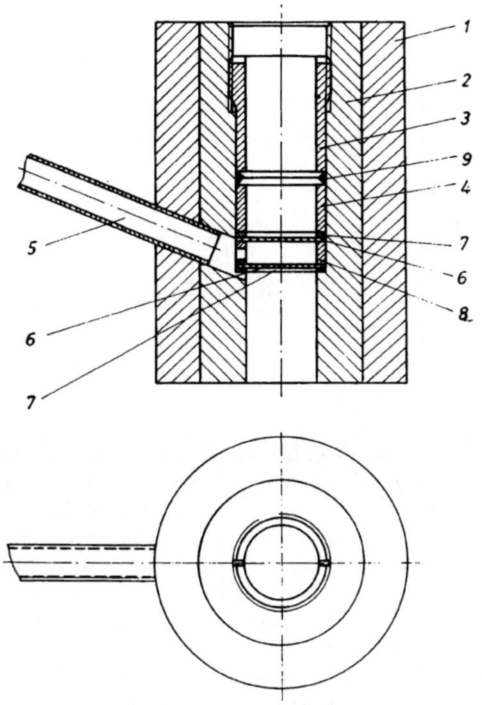

Bild 1. IR-Heizküvette

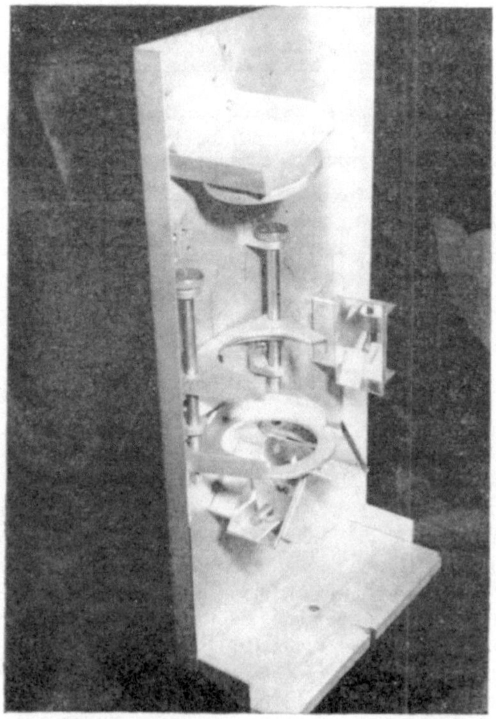

Bild 2. Spiegeleinrichtung zum Ultrarotspektrographen Infrascan

Durch die höheren Temperaturen mußten wir auch von der ursprünglichen Konzeption des Küvettenbaues abgehen. Es zeigte sich nämlich, daß die Siliciumscheiben, die in Rasotherm-Glas eingeschmolzen waren, beim Einbringen in die heiße Küvette platzten. Als Distanz- und gleichzeitig Dichtmaterial zwischen den beiden Siliciumscheiben, die den Küvettenraum bildeten, wählten wir schließlich TEFLON in Form eines Ringes, der radial durchbohrt wurde, damit ein Unterdruck an den Küvettenraum mit Hilfe einer Ölpumpe gelegt werden konnte (Pos. 8). Auch als übriges Dichtmaterial wurden TEFLON-Ringe (Pos. 7), zum Teil konisch gedreht (Pos. 9), benutzt. Mit Hilfe einer Feingewindemutter (Pos. 3), die fest auf den unteren Rand des Heizmantelinnenraumes angezogen werden kann, wird die Küvette abgedichtet. Erst nachdem die Küvette angeheizt und in der Wärme vakuumdicht angezogen ist, kann man das zu polykondensierende Vorprodukt durch den Vakuumstutzen in den Küvettenraum eingeben.

In den handelsüblichen Ultrarotspektrographen verläuft der Strahlengang waagerecht, d. h., bei der Untersuchung dünner Schichten müßten diese senkrecht dazu, also vertikal, stehen. Es liegt auf der Hand, daß unter diesen Umständen die geschmolzene Substanz durch das sich im spaltförmigen Reaktionsraum bildende gasförmige Glykol zum Teil herausgerissen wird und dann zu Verfälschungen des Untersuchungsergebnisses führen würde. Aus diesem Grunde mußten wir eine Zusatzeinrichtung konstruieren, die es gestattet, den Strahlengang in senkrechter Richtung umzulenken, ganz analog wie man dies bei Reflexionsmessungen tut. So wird nämlich erreicht, daß der Küvettenspalt dicker gehalten werden kann, so daß der über der Schmelze befindliche Gasraum evakuiert werden kann.

In Anlehnung an eine Anordnung, wie sie *Treibmann* [43, 44] für Reflexionsmessungen benutzt, konstruierten wir eine Spiegeleinrichtung, wobei zu berücksichtigen war, daß die Abstände und Winkel der drei Plan- und des Hohlspiegels auf die optischen Verhältnisse unseres Infrascan-Spektrographen der Firma Hilger & Watts, London, abgestimmt werden mußten.

Die Bilder 2 und 3 zeigen diese Spiegeleinrichtung.

2.2. *Beschreibung der Messungen*

Nachdem die Heizküvette zusammengeschraubt, angeheizt, nachgezogen und evakuiert ist, wird sie in die Spiegeleinrichtung des Spektrographen eingesetzt. Bei Konstanz der Bedingungen wird der Unterdruck kurz unterbrochen, eine bestimmte Menge an Substanz durch den Vakuumstutzen eingegeben und sofort die Ölpumpe wieder angeschlossen. Die Substanz schmilzt auf, und man beginnt mit dem Registrieren. Es wird der Bereich zwischen 3350 bis 3700 cm^{-1} durchfahren.

Bild 3. Heizküvette, eingesetzt in Spiegeleinrichtung und Spektrograph

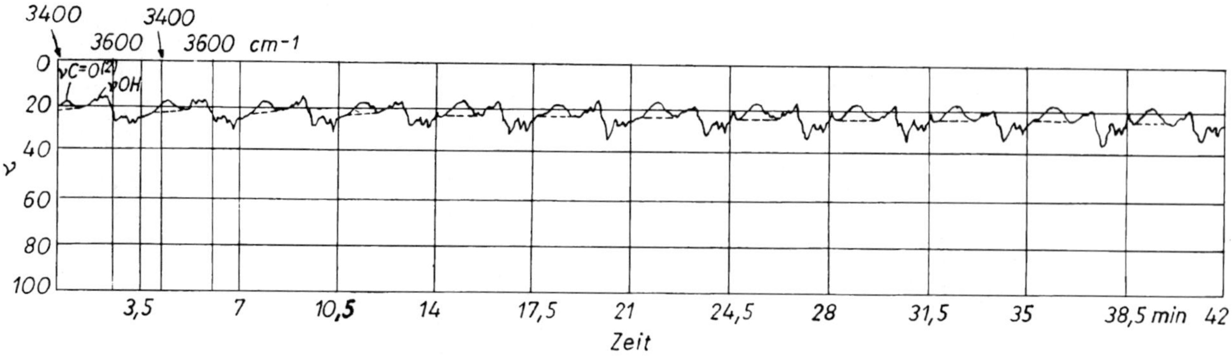

Bild 4. Infrarotspektroskopische Verfolgung der Polykondensation von PÄT

3. Ergebnisse und Diskussion

In Bild 4 ist der zeitliche Verlauf der IR-Banden in diesem Wellenzahlenbereich wiedergegeben. Zum Vergleich zeigt Bild 5, daß die Siliciumscheiben im beobachteten Gebiet keine Absorption aufweisen.

Als Nachteil macht sich bemerkbar, daß die beiden Siliciumscheiben ziemliche Reflexionsverluste an Ultrarotstrahlung verursachen, so daß die Spektren nicht sehr intensiv erscheinen. Weiter bemerkt man Unregelmäßigkeiten an der Stelle, an der die Absorption von Wasser auftritt, nämlich bei 3630 cm^{-1}. Dies liegt darin begründet, daß wir unterschiedliche Weglängen im Meß- und Vergleichsstrahl vorliegen haben, so daß der Wasserdampfgehalt der Luft sich störend bemerkbar macht. Für eine genaue quantitative Auswertung müßte eine komplizierte Küvette gebaut werden, bei der der Vergleichsstrahl um denselben Weg verlängert wird wie der Meßstrahl.

Die Spektren wurden nun ausgewertet im Hinblick auf die Intensität der ν_{OH}-Bande bei 3550 cm^{-1}, die durch die Valenzschwingung der freien Hydroxylgruppe, der Endgruppe also, verursacht wird. In Vorversuchen wurde festgestellt, daß unter diesen Bedingungen kaum

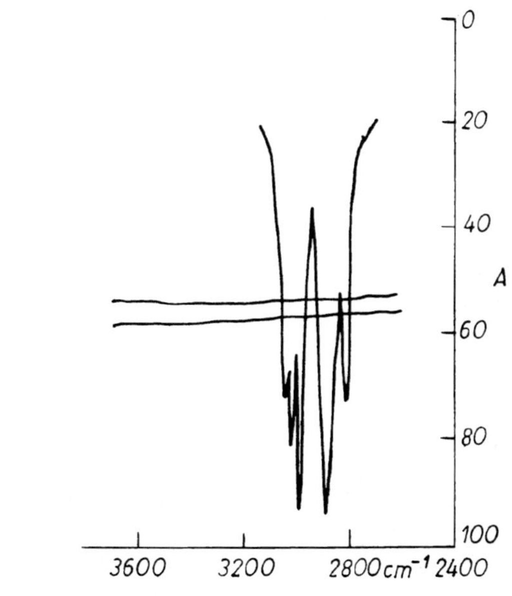

Bild 5. IR-Spektrum von zwei Siliciumscheiben ohne Substanz, Polystyrolfolie zum Eichen

Carboxylgruppen gebildet werden; die Schwingung der Carboxylgruppe, bei 3300 cm^{-1} gelegen, war nicht zu beobachten.

Als erstes versuchten wir, die Intensität der OH-Schwingungsbande durch Ultrarotspektren von PÄT-Proben mit bekannter rel. Molekülmasse zu eichen. Auf die Schwierigkeit der Probenvorbereitung von PÄT wurde bereits hingewiesen [36].

In Bild 6 ist das Infrarotspektrum einer handelsüblichen Hostaphanfolie wiedergegeben; dieses Spektrum entspricht dem von *Langbein* [38] angegebenen. Wir erkennen also bei 3450 cm^{-1} die erste Oberschwingung der C=O-Valenzschwingungsfrequenz, daneben, bei 3550 cm^{-1}, die Bande der OH-Valenzschwingung, bei 3630 cm^{-1} die Schwingung, die von adsorbiertem Wasser herrührt. Bei 3295 cm^{-1} ist eine ganz geringe Absorptionsstelle festzustellen, die von der Carboxylgruppe herrührt, flankiert von schwachen Banden bei 3235 und 3330 cm^{-1}, die auf Schwingungen der Phenylen-Ringe zurückgehen.

Bei einer Folie handelt es sich im allgemeinen um ein Material, das gut kristallisiert ist. Wir mußten demzufolge befürchten, daß sich neben der Lage auch die Intensität der Banden etwas verändert, wenn man vom kristallisierten zum geschmolzenen Zustand übergeht. Aus diesem Grunde untersuchten wir von Polyestermaterial das Ultrarotspektrum in quasiamorphem Zustand, indem eine Probe in Nujol fein zermahlen und zwischen Kochsalzscheiben aufgenommen wurde. Bild 7 zeigt den interessierenden Ausschnitt der Spektrums. Es ist zu entnehmen, daß sich die Form der Carbonylbande wesentlich von der der Folie unterscheidet. Noch deutlicher ist dies in den Spektren, die zur Auswertung der Reaktionskinetik dienten, zu sehen (Bild 4), bei denen die CO-Bande sehr breit erscheint.

Auch das Aufnehmen der Substanz in Lösung, und zwar benutzten wir eine 5%ige Lösung in Arsentrichlorid [45], zeigte nicht den gewünschten Erfolg, da, offensichtlich durch starke Wechselwirkungen des polaren Lösungsmittels, insbesondere mit den polaren Gruppen (OH; CO), eine Verschiebung der Banden in bezug auf Lage und Intensität erfolgt (Bild 8). Wir waren deshalb gezwungen, zur Auswertung ein sogenanntes „Inneres Verfahren" zu benutzen, ähnlich dem, wie es *Langbein* [38] beschreibt. Jedoch benutzten wir zum Vergleich nicht eine Oberschwingung bei über 4000 cm^{-1}, sondern die Intensität der $\nu_{CO(2)}$-Bande bei

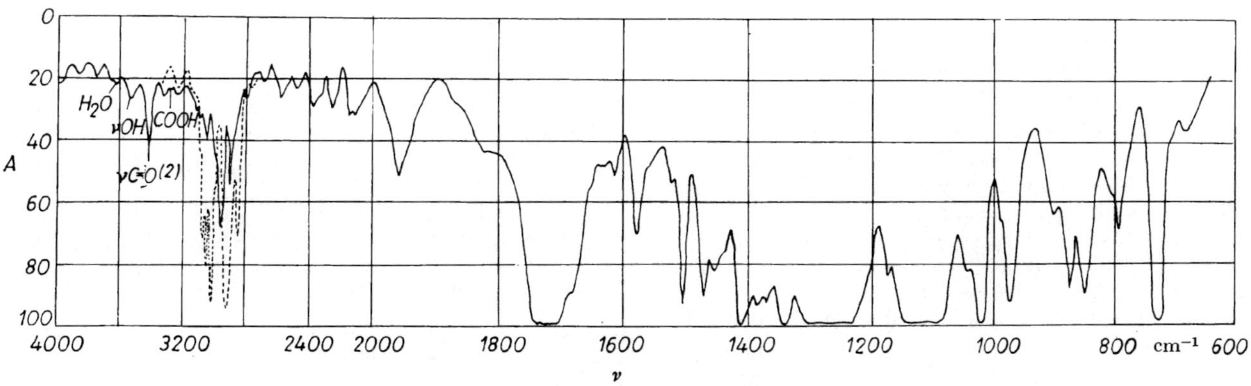

Bild 6. IR-Spektrum einer PÄT-Folie

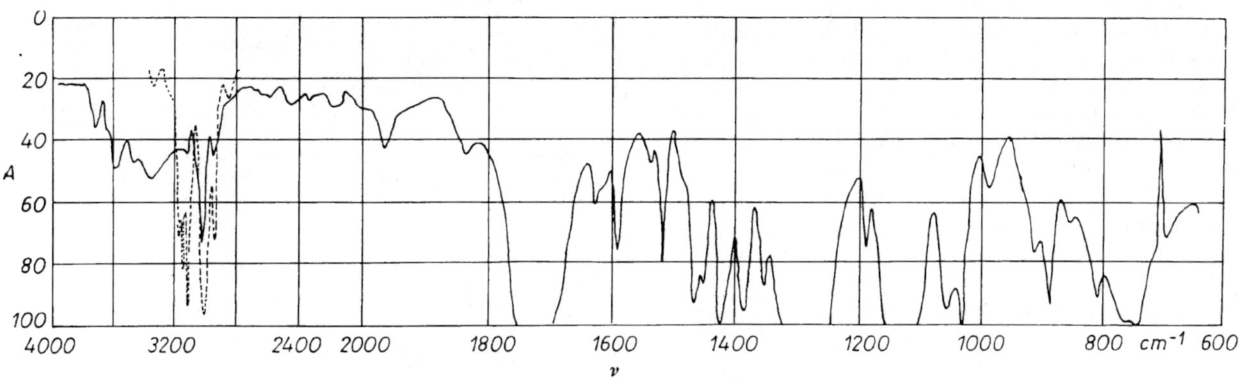

Bild 8. IR-Spektrum von PÄT, gelöst in $AsCl_3$

3450 cm^{-1}. Diese Bande liegt im Hinblick auf den Streu- und Reflexionsverlust günstiger, da beide zur Auswertung gelangenden Banden benachbart sind, ohne daß sie sich gegenseitig überlappen.

In Bild 9 ist der Quotient der Logarithmen von Durchlässigkeit D der ν_{OH}-Bande und der $\nu_{C=O(2)}$-Bande gegen die Zeit aufgetragen. Es handelt sich um einen Versuch, der bei 280 °C und 1 Torr durchgeführt wurde. Die Schichtdicke wurde am Ende des Versuches zu $(0{,}33 \pm 0{,}05)$ mm bestimmt; dies entspricht, über die Dichte umgerechnet, einer Schmelzedicke von $d = (0{,}4 \pm 0{,}06)$ mm.

Unter der Voraussetzung, daß der Extinktionskoeffizient konstant und, was zumindest bei höheren rel. Molekülmassen der Fall sein dürfte, unabhängig vom Polykondensationsgrad ist, daß weiterhin die Schichtdicke der Substanz konstant ist (auch dies ist bei höheren Reaktionsfortschrittgraden gegeben), stellt lg $D_{\nu_{OH}}$, bezogen auf die Carbonylbande, ein Maß für die rel. Molekülmasse dar. Verluste durch Streustrahlung als

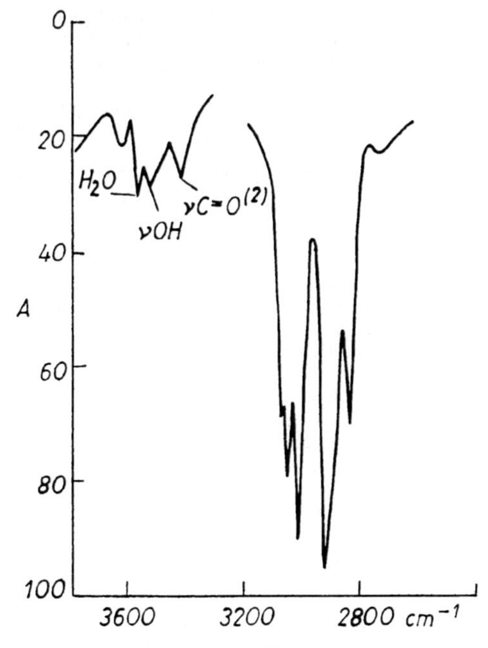

Bild 7. IR-Spektrum von PÄT, zerrieben in Nujol

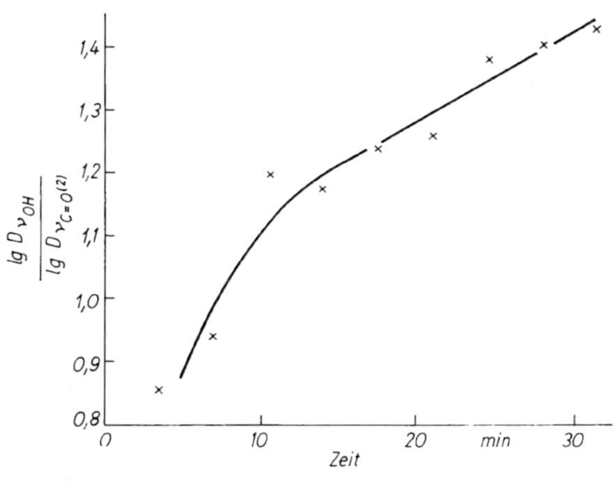

Bild 9. lg $D_{\nu_{OH}}$/lg $D_{\nu_{C=O^{(2)}}}$ in Abhängigkeit der Zeit

Folge einer endlichen Spaltbreite heben sich in diesem „Inneren Verfahren" heraus.

So kann man aus dem Bild 9 prinzipiell Angaben über den Verlauf der Polykondensation entnehmen. Gegen Ende der Reaktion ändert sich z. B. $\overline{P}_n$ fast linear mit der Zeit. Dennoch erscheint es uns gewagt, daraus eindeutig auf den Reaktionsverlauf zweiter Ordnung zu schließen, da mit zunehmendem Polykondensationsgrad der relative Fehler stark ansteigt, da die Größe der Absorption der ν_{OH}-Bande sehr gering wird und das Rauschen des Verstärkers erreicht.

Grundsätzliche Nachteile der ultrarotspektroskopischen Untersuchungsmethode liegen darin, daß man die Schicht nicht beliebig variieren kann, da bei geringen Dicken die zunehmend höherviskose Substanz ungleichmäßig läuft und zu große Fehler auftreten werden und andererseits bei größeren Schichtdicken die Absorption so stark wird, daß eine Auswertung nicht mehr möglich ist. Zu beachten ist weiterhin, daß für exakte und quantitative Auswertung der Wasserdampf der Luft auf Grund von Bandenüberlappung der OH-Absorptionsbanden zu berücksichtigen ist.

Die Ultrarotmessungen wurden sowohl mit dem Spektrographen Infrascan der Firma Hilger & Watts, London, als auch mit dem UR 10 des VEB Carl Zeiss, Jena, durchgeführt.

Für die Anregung zu dieser Arbeit soll Herrn Dr. *G. Heintz*, Abteilungsleiter im GFZ-Chemieanlagen Dresden, herzlich gedankt werden.

Zusammenfassung

Es wird eine Küvette angegeben, die mit Siliciumscheiben und TEFLON-Dichtungen ausgerüstet ist und es gestattet, mit Hilfe einer Spiegelanordnung zur Umlenkung des Meßstrahles die Polyesterschmelze in waagerechter Schicht im Verlauf der Polykondensation unter den Reaktionsbedingungen von 280°C und 1 Torr infrarotspektroskopisch zu untersuchen. Da der Logarithmus der Durchlässigkeit der OH-Valenzschwingungsbande einem inneren Verfahren zufolge, bezogen auf eine benachbarte vergleichbare Oberschwingung der Monomereneinheit, nach einer Anlaufperiode etwa proportional der Zeit zunimmt, kann die Schmelzepolykondensation von PÄT in dem untersuchten Bereich mit Vorsicht als Bruttoreaktion zweiter Ordnung beschrieben werden. Die Vorbehalte dazu werden diskutiert.

Literatur

[1] *Goodman, I.*, und *Nesbitt, B. F.:* The structures and reversible polymerization of cyclic oligomers from poly(ethylene terephthalate). Polymer, London **1** (1960) S. 384—396.

[2] *Ito, E.*, und *Okajima, S.:* Studies on cyclic tris(ethylene terephthalate). J. Polymer Sci., B: Polymer Letters **7** (1969) S. 483—493.

[3] *Seidel, B.:* Spektroskopische Beobachtungen an linearen und zyklischen Oligoestern aus Terephthalsäure und Glykol. Z. Elektrochemie **62** (1958) S. 214—219.

[4] *Zahn, H., Rathgeber, P., Rexroth, E., Krzikalla, R., Lauer, W., Miró, P., Spoor, H., Schmidt, F., Seidel, B.*, und *Hildebrand, D.:* Oligomere vom Polyamid- und Polyester-Typ. Angew. Chemie **68** (1956) S. 229—238.

[5] *Sitschsva, S. J.*, u. *Sjargeenka, W. T.:* Die Identifizierung von Chemiefasern durch Infrarotspektroskopie. Die IR-Spektroskopie von Polyamid-, Polyvinyl-, Polyacrylnitril- und Polyesterfasern. Weszi Akad. Nauk. BSSR, Ser. chim. Nauk (Nachr. Akad. Wiss., Bjeloruss. SSR, Ser. chem. Wiss.) (1968) 4, S. 46—52.

[6] *Patterson, D.*, und *Ward, I. M.:* The assignment of the carboxyl and hydroxyl absorptions in the infra-red spectrum of polyethylene terephthalate. Trans. Faraday Soc. **53** (1957) S. 291—294.

[7] *Dulmage, W. J.*, und *Geddes, A. L.:* Structure of drawn polyethylene terephthalate. J. Polymer Sci. **31** (1958) S. 499—512.

[8] *Bojzov, V. G.*, und *Gotlib, Ju. Ja.:* Zu Fragen der Rotationsisomerie in Polyäthylenterephthalat. Optika i Spektroskopija, Moskva **15** (1963) S. 216.

[9] *Miller, R. G. J.*, und *Willis, H. A.:* Determination of the structure of oriented terylene film using polarized infra-red radiation. Trans. Faraday Soc. **49** (1953) S. 433—436.

[10] *Cobbs, W. H. jr.*, und *Burton, R. L.:* Crystallization of polyethylene terephthalate. J. Polymer Sci. **10** (1953) S. 275—290.

[11] *Weston, G. J.:* The infrared spectrum of terylene. Chem. and Ind. **1954**, S. 604.

[12] *Quynn, R. G.*, und *Steele, R.:* Infra-red dichroism of nylon and polyethylene terephthalate. Nature, London **173** (1954) S. 1240.

[13] *Ward, J. M.:* Rotational isomerism in polyethylene terephthalate. Chem. Ind., London **1** (1956) S. 905 bis 906.

[14] *Tobin, M. C.:* The infrared spectra of polymers. II. The infrared spectra of polyethylene terephthalate. J. physic. Chem. **61** (1957) S. 1392—1400.

[15] *Grime, D.*, und *Ward, J. M.:* The assignment of infra-red absorptions and rotational isomerism in polyethylene terephthalate and related compounds. Trans. Faraday Soc. **54** (1958) S. 959—971.

[16] *Liang, C. Y.*, und *Krimm, S.:* Infrared spectra of high polymers. Part IX. Polyethylene terephthalate. J. molec. Spectroscopy **3** (1959), S. 554—574.

[17] *Miyake, A.:* The infrared spectrum of polyethylene terephthalate. I. The effect of crystallization. J. Polymer Sci. **38** (1959) S. 479—495.

[18] *Miyake, A.:* The infrared spectrum of polyethylene terephthalate. II. Polyethylene-d_4 terephthalate. J. Polymer Sci. **38** (1959) S. 497—512.

[19] *Miyake, A.:* Behaviors of C—D stretching bands in polyethylene-d_4 terephthalate. J. physic. Chem. **64** (1960) S. 510—511.

[20] *Krimm, S.:* Approximate isotopic frequency rule and its application to the spectra of complex molecules. J. chem. Physics **32** (1960) S. 1780—1783.

[21] *Farrow, G.*, und *Ward, J. M.:* Crystallinity of polyethylene terephthalate. A comparison of X-ray, infrared and density measurements. Polymer, London **1** (1960) S. 330—339.

[22] *Schmidt, P. G.*, und *Gay, F. P.:* Physikalische Charakterisierung von Poly-(äthylenglykolterephthalat). Angew. Chemie **74** (1962) S. 638—641.

[23] *Schmidt, P. G.:* Polyethylene terephthalate structural studies. J. Polymer Sci., A **1** Polymer Chem. (1963) S. 1271—1292.

[24] *Tadokoro, H., Tadsuka, K.*, und *Murahashi, S.:* Infrared absorption spectra and structure of polyethylene terephthalate. J. Polymer Sci. **59** (1962) S. 413—423.

[25] *Zerbi, G., Ciampelli, F.*, und *Zamboni, V.:* Classification of crystallinity bands in the infrared spectra of polymers. J. Polymer Sci., C: Polymer Symposia **7** (1963) S. 141 bis 151.

[26] *Heffelfinger, C. J.*, und *Schmidt, P. G.:* Structure and properties of oriented poly(ethylene terephthalate) films. J. appl. Polymer Sci. **9** (1965) S. 2661—2680.

[27] *Pliev, T. N.:* Die Temperaturabhängigkeit der Infrarotspektren und Konformationseffekte an hochmolekularem Polyäthylenterephthalat. Dokl. Akad. Nauk SSSR (Ber. Akad. Wiss. UdSSR) **169** (1966) S. 626—629.

[28] *Koenig, J. L.*, und *Hannon, M. J.:* Infrared studies of chain folding in polymers. II. Polyethylene terephthalate. J. macromol. Sci., *B*: Physics **1** (1967) S. 119—145.

[29] *Geil, P. H., Yeh, G. S. Y., Koenig, J. L.*, und *Hannon, M. J.:* Structure of poly(ethylene terephthalate) J. macromol. Sci., *B*: Physics **1** (1967) S. 793—794.

[30] *Manley, T. R.*, und *Williams, D. A.*: Polarized far-infrared spectra of oriented poly(ethylene terephthalate). J. Polymer Sci., C: Polymer Symposia (1969) 22, Teil 2, S. 1009—1018.

[31] *Manley, T. R.*, und *Williams, D. A.*: Structure of terephthalate polymers. I. Infrared spectra and molecular structure of poly(ethylene terephthalate). Polymer, London **10** (1969) 5, S. 339—384.

[32] *Koenig, J. L.*, und *Cornell, S. W.*: Characterization of unaxially drawn polyethylene terephthalate by polarized infrared spectroscopy. J. Polymer Sci., C: Polymer Symposia (1969) 22, Teil 2, S. 1019—1030.

[33] *Schönherr, F.*: UR-spektroskopische Absolutbestimmung der Rotationsisomeren in Polyäthylenterephthalat. Z. Chemie **9** (1969) S. 424—425.

[34] *Danz, R.*, *Dechant, J.*, und *Ruscher, Ch.*: Ultrarotspektroskopische Untersuchungen über den Ordnungszustand von Polyäthylenterephthalat. Faserforsch. u. Textiltechnik **21** (1970) S. 251—254.

[35] *Hummel, D.*: Die Spektroskopie im fernen Infrarot bei der Analyse von hochpolymeren Harzen, Monomeren und Weichmachern. Kunststoffe **55** (1965) S. 102—111.

[36] *Ruscher, Ch.*, und *Schmolke, R.*: Zur Ultrarotspektroskopie an faserbildenden Hochpolymeren. Faserforsch. u. Textiltechnik **11** (1960) S. 383—390.

[37] *Burns, E. A.*, und *Muraca, R. F.*: Determination of hydroxyl concentration in polypropylene glycols by infrared spectroscopy. Analytic. Chem. **31** (1959) S. 397—399.

[38] *Langbein, G.*: Das Molekulargewicht von Polymeren aus ihrem Ultrarotspektrum. Kolloid-Z. **200** (1964) S. 10—24.

[39] *Daniels, W. W.*, und *Kitson, R. E.*: Infrared spectroscopy of polyethylene terephthalate. J. Polymer Sci. **33** (1958) S. 161—170.

[40] *Ward, J. M.*: The measurement of hydroxyl and carboxyl end groups in polyethylene terephthalate. Trans. Faraday Soc. **53** (1957) S. 1406—1412.

[41] *Ravens, D. A. S.*, und *Ward, J. M.*: Chemical reactivity of polyethylene terephthalate; hydrolysis and esterification reactions in the solid phase. Trans. Faraday Soc. **57** (1961) S. 153—159.

[42] *Wagner, H.*, und *Bohm, J.*: Die Verwendung von Silicium als Fenstermaterial für IR-Untersuchungen an stark korrodierenden Substanzen. Spectrochim. Acta, London **21** (1965) S. 427—432.

[43] *Treibmann, D.*: IR-spektroskopische Untersuchung der Chemisorption an verschiedenen Aluminiumoxid-Katalysatoren. Dissertation TU Dresden 1965.

[44] *Treibmann, D.*: IR-spektroskopische Untersuchung der Absorption mit waagerechter Probenhalterung im Zeiss-Spektralphotometer UR 10. 14. Kolloquium Spectroscopicum Internationale, Debrecen 1967.

[45] *Szymanski, H. A.*, *Bluemle, A.*, und *Collins, W.*: Arsenic trichloride and arsenic/antimony chlorides as solvents for infrared and N.M.R. spectroscopy. Appl. Spectroscopy **19** (1965) S. 137—139.

Eingegangen am 12. Oktober 1971

Einfluß von Wärme auf Polyäthylenterephthalat-Faserstoffe (PÄT)

Anton Blažej, Štefánia Šutá, Elena Markušovská und Ivan Vyskočil

Fakultät für chemische Technologie der Slowakischen Technischen Hochschule, Bratislava, ČSSR

DK 677.494.674'524'420:66.095.3:541.127.1:543.422.4

In der Arbeit wird festgestellt, daß die durch die Koeffizienten der Festigkeitsabnahme beschriebene Festigkeit der PÄT-Fasern durch Wärmeeinwirkung verändert wird. Die Veränderung kann durch die Beziehung $y = a \exp(b \exp cx)$ beschrieben werden, wobei x die Temperatur, y den Abnahme-Koeffizienten und a, b, c charakteristische Konstanten der Faserthermostabilität bedeuten. Die Festigkeitsänderung wird durch die Änderung der chemischen und physikalischen Struktur verursacht. Das Maß der Veränderungen der Festigkeit im Temperaturbereich von 20—200 °C ist bei verschiedenen Proben unterschiedlich und hängt vorwiegend von der Orientierung der amorphen Bereiche der Fasern vor der Wärmebehandlung ab.

Влияние тепловой обработки на Полиэтилентерефталатное волокно (ПЭТ)

Установлено, что термическое воздействие изменяет выраженную в коэффициентах снижения прочности прочность ПЭТ-волокон. Это изменение может быть описано зависимостью

$$y = a \exp(b \exp cx),$$

в которой x — температура; y — коэффициент снижения прочности; a, b и c — показатели, характеризующие термостойкость волокон. Изменение прочности вызывается изменением химической и физической структуры. Величина изменений прочности в диапазоне температур от 20 до 200°C различна для различных образцов и зависит преимущественно от ориентации аморфных областей волокон перед термической обработкой.

Effect of Heat on Polyethylene Terephthalate Fibres (PET)

The strength of PET fibres, characterised by the coefficients of decrease in strength, is shown to be changed by the effect of heat. This change can be described by $y = a \exp(b \exp cx)$, where x is the temperature, y the coefficient of decrease in strength and a, b, c are characteristic constants of the thermostability of the fibres. The change in strength is caused by changes in the chemical and physical structure. The extent of the changes in strength varies with the kind of sample investigated in the range of 20 to 200 °C and depends predominantly on the orientation of the amorphous regions in the fibre prior to heat treatment.

Einleitung

In einer unserer früheren Arbeiten [1] befaßten wir uns mit den Änderungen einiger Eigenschaften der PÄT-Fasern unter dem Einfluß von Wärme. Es wurde gefunden, daß PÄT-Fasern gleicher chemischer Zusammensetzung und mit ähnlichen Grundeigenschaften unterschiedliche Thermostabilität besitzen. Der Einfluß der Wärmebehandlung auf das Ausmaß der Änderungen der geprüften Eigenschaften ist unterschiedlich. Ziel der vorliegenden Arbeit ist die Bewertung der Festigkeitsänderungen unter Wärmeeinfluß einerseits unter Berücksichtigung der quantitativen Festigkeitsänderungen, andererseits die Analyse der durch einige andere Faktoren bedingten Änderungen. Ferner möchten wir auch auf den Zusammenhang zwischen der Thermostabilität der PÄT-Fasern und deren Struktur hinweisen.

Beschreibung der Proben und Versuchsbedingungen

Die PÄT-Proben mit nachstehenden Eigenschaften

	A	B	C
Reißfestigkeit in p/den	4,56	4,72	3,86
Bruchdehnung in %	44,7	40,5	42,4
Feinheit in den	4,22	4,02	4,01
Grenzviskositätszahl	0,756	0,696	0,644

wurden unter Einwirkung von Luft (48 h lang) bei 70, 120, 150, 180 und 200°C getempert. Die Festigkeit der Proben wurde vor und nach der Behandlung auf dem Faserbündel-Reißprüfgerät FM 09 bestimmt.

Festigkeitsänderungen unter Wärmeeinfluß

Die Festigkeitsänderung der PÄT-Fasern unter Wärmeeinfluß wird durch den Koeffizienten der Festigkeitsabnahme nach 48 h bei verschiedenen Temperaturen ausgedrückt:

$$K_p = \frac{X_0}{X},$$

wobei K_p den Koeffizienten der Festigkeitsabnahme,
X_0 die Festigkeit (p/den) der PÄT-Fasern bei 20°C,
X die Festigkeit (p/den) der PÄT-Fasern nach 48 h Temperung

bedeuten.

Die Abhängigkeit des Koeffizienten der Festigkeitsabnahme von der Tempertemperatur ist in Bild 1 dargestellt. Die Kurven des Koeffizienten der Festigkeitsabnahme lassen sich durch die Gleichung

$$y = a \cdot e^{b \cdot e^{cx}}$$

darstellen, wobei

y = Koeffizient der Festigkeitsabnahme,
x = Temperatur,
a = 1,
b, c = Konstanten

bedeuten.

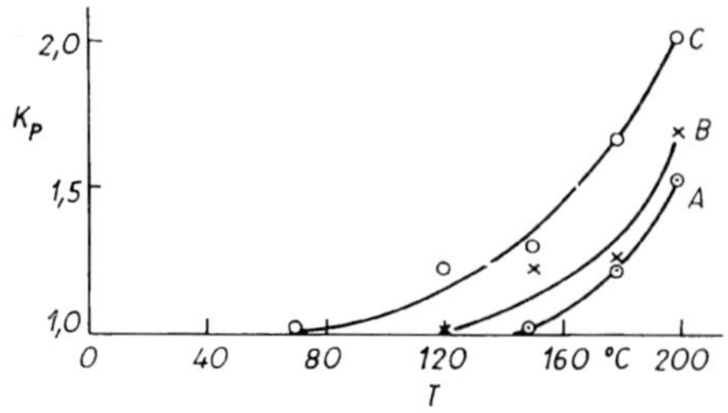

Bild 1. Abhängigkeit des Koeffizienten der Festigkeitsabnahme K_p von der Tempertemperatur T

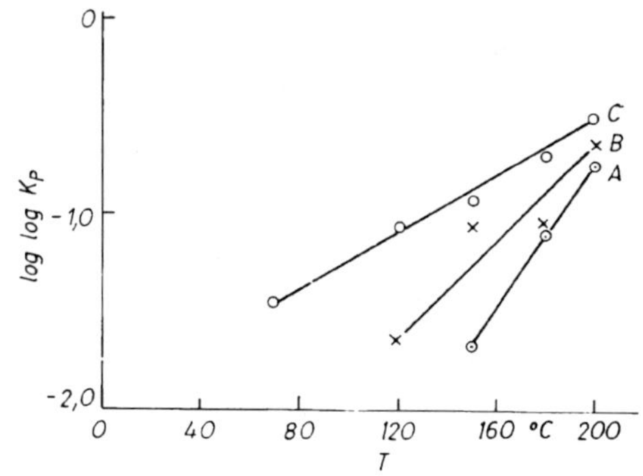

Bild 2. Abhängigkeit des doppelten Logarithmus des Koeffizienten der Festigkeitsabnahme K_p von der Tempertemperatur T

Diese Beziehung hat für die gemessenen Ergebnisse Gültigkeit, wenn die Abhängigkeit des doppelten Logarithmus des Koeffizienten der Festigkeitsabnahme von der Temperatur linear ist:

$$\log y = B \cdot e^{cx},$$

$$\log \log y = \log B + Cx,$$

wobei $B = 0{,}4343$ b,
$C = 0{,}4343$ c.

Die Abhängigkeit des (doppelt logarithmierten) Koeffizienten der Festigkeitsabnahme von der Temperatur ist in Bild 2 dargestellt. Die Konstanten b und c haben wir aus den Gleichungen der Geraden nach der Methode der kleinsten Quadrate bestimmt. Diese sind für die einzelnen Proben aus Tabelle 1 ersichtlich. Daraus geht hervor, daß die angegebenen Gleichungen die Abhängigkeit des Koeffizienten der Festigkeitsabnahme von der Temperatur hinreichend genau ausdrücken. Die kleinste Streuung sehen wir bei Probe A.

Abhängigkeit der Festigkeitsänderung von der Änderung anderer Eigenschaften unter Wärmeeinfluß

Es sind mehrere Arbeiten bekannt, die die Beziehungen zwischen der theoretischen und der tatsächlichen Festigkeit der Fasern in Abhängigkeit von an-

Tabelle 1. Werte der Konstanten b und c mit Variationsbreiten und einer statistischen Sicherheit von 95%

Probe / Konstanten	A	B	C
a	−10,25 ± 0,02	−6,68 ± 0,39	−4,61 ± 0,16
b	0,043 ± 0,0006	0,025 ± 0,007	0,016 ± 0,0016

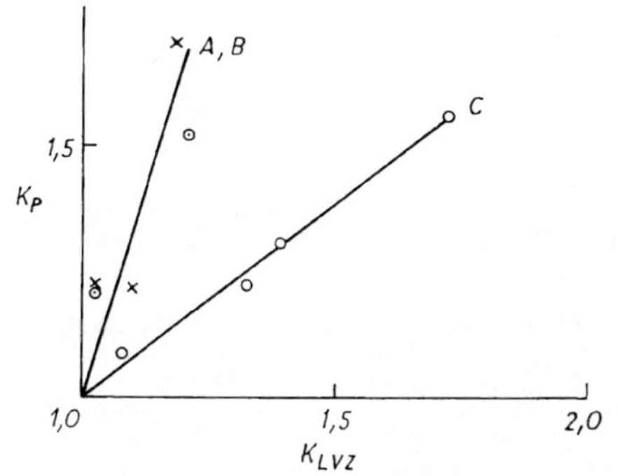

Bild 3. Abhängigkeit des Koeffizienten der Festigkeitsabnahme K_p vom Koeffizienten der Viskositätszahlabnahme K_{LVZ}

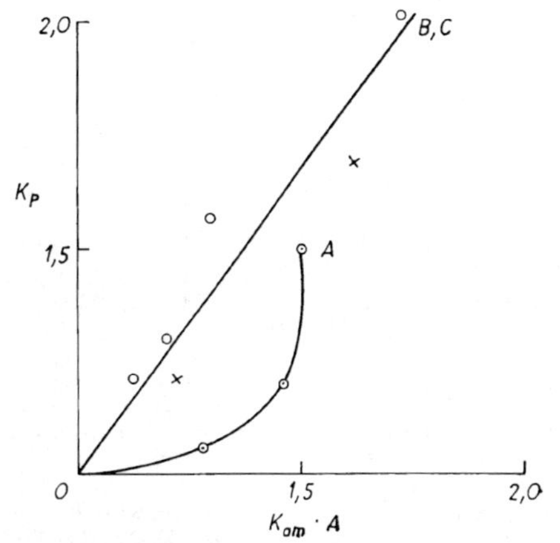

Bild 4. Abhängigkeit des Koeffizienten der Festigkeitsabnahme K_p vom Koeffizienten der Abnahme des amorphen Anteiles K_{am}

deren Eigenschaften der Fasern [3 bis 9], vor allem von der chemischen und physikalischen Struktur, zu erläutern versuchen.

Bei der Beurteilung des Wärmeeinflusses kann angenommen werden, daß die Festigkeitsänderungen durch die Änderung der Grenzviskositätszahl, ferner durch Orientierungsänderung und durch das Verhältnis des amorphen und kristallinen Anteils verursacht werden. Die Korrelation zwischen den Abnahme-Koeffizienten der Grenzviskositätszahl und des amorphen Anteiles sowie dem Koeffizienten der Festigkeitsabnahme ist in den Bildern 3 und 4 dargestellt. Aus den Abbildungen geht hervor, daß der Koeffizient der Festigkeitsabnahme der Abnahme der Grenzviskositätszahl bei allen Proben direkt proportional ist; die Proportionalitätskonstanten sind jedoch unterschiedlich. Für Probe C gilt $K_p = (0{,}75 \pm 0{,}06)\, K_{LVZ}$ und für die Proben A und B $K_p = (2{,}8 \pm \pm 0{,}5)\, K_{LVZ}$. Die Koeffizienten wurden nach der Methode der kleinsten Quadrate ermittelt. Daraus geht hervor, daß die Festigkeitsabnahme, bezogen auf gleiche Änderungen der Viskositätszahl, bei den Proben A und B größer ist als bei Probe C.

Aus Bild 4 geht hervor, daß mit ansteigendem kristallinen Anteil die Festigkeit der Proben B und C sinkt. Die Beziehung zwischen K_p und K_{am} kann durch $K_p = (1{,}3 \pm 0{,}14)\, K_{am}$ ausgedrückt werden. Diese Beziehung gilt aber nicht für die Probe A, von der man sagen kann, daß die Festigkeitsänderung dieser Probe praktisch von der Änderung des amorphen Anteiles unabhängig ist.

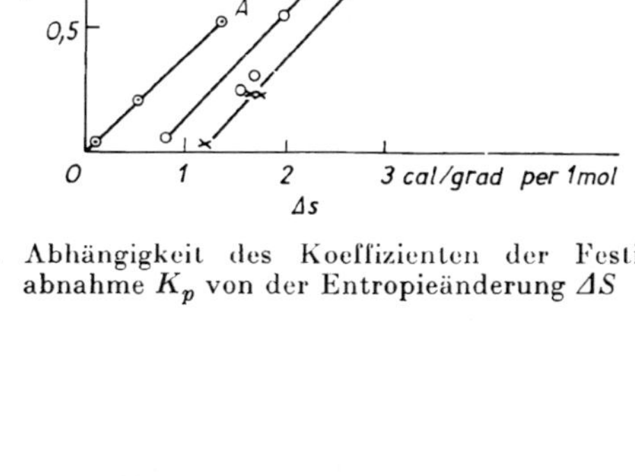

Bild 5. Abhängigkeit des Koeffizienten der Festigkeitsabnahme K_p von der Entropieänderung ΔS

Aus der Temperatur/Zeit-Gesetzmäßigkeit [9] geht hervor, daß der Orientierungsgrad bestimmenden Einfluß auf die Faserfestigkeit hat. Durch Wärmeeinfluß ändert sich auch die Faserorientierung. Die Bestimmung der Gesamtorientierung, der Orientierung der amorphen und der kristallinen Bereiche ist relativ schwierig. Ein Hinweis auf die Gesamtorientierung kann aus der Faserentropie gewonnen werden, die nach *Hladik* [10] ermittelt wurde. Die Abhängigkeit des Koeffizienten der Festigkeitsabnahme von der Entropie ist in Bild 5 dargestellt.

Aus Bild 5 ist ersichtlich, daß der Koeffizient der Festigkeitsabnahme der Fasern mit der Entropieänderung bei allen untersuchten Proben linear zusammenhängt. Die Anstiege sind für $A = 0{,}35 \pm 0{,}002$, für $B = 0{,}45 \pm 0{,}02$ und für $C = 0{,}49 \pm 0{,}08$. Die erzielten Ergebnisse haben bestätigt, daß die Strukturänderung der untersuchten PÄT-Fasern die Festigkeitsänderung bedingt. Es ist aber interessant, daß die Änderungsabhängigkeiten nicht bei allen Proben gleich sind. Die Festigkeitsänderung bei Probe A ist nur von der Änderung der Grenzviskositätszahl und der Entropie abhängig, jedoch nicht von der Änderung des kristallinen Anteils. Die Festigkeit der Proben B und C nimmt mit steigendem kristallinem Anteil, mit sinkender Grenzviskositätszahl und steigender Entropieänderung ab.

Aus dem Gesagten kann gefolgert werden, daß die Wärmeeinwirkung die Strukturänderung bewirkt, wodurch die Festigkeitsabnahme verursacht wird. Die Größe der Struktur- und Festigkeitsänderung für einzelne Fasern ist unterschiedlich, und es kann angenommen werden, daß diese eine Funktion der Struktur der ursprünglichen Fasern ist.

Einfluß der Faserstruktur auf die Thermostabilität

Wir haben versucht, die Thermostabilität der geprüften Fasern im gesamten Temperaturbereich zu erfassen und den Zusammenhang mit der Struktur der ausgewählten Proben zu bestimmen. Ein Thermostabilitäts-Maß wurde folgendermaßen bestimmt. Aus der Funktion

$$\frac{X_0 - X}{X} = f(T)$$

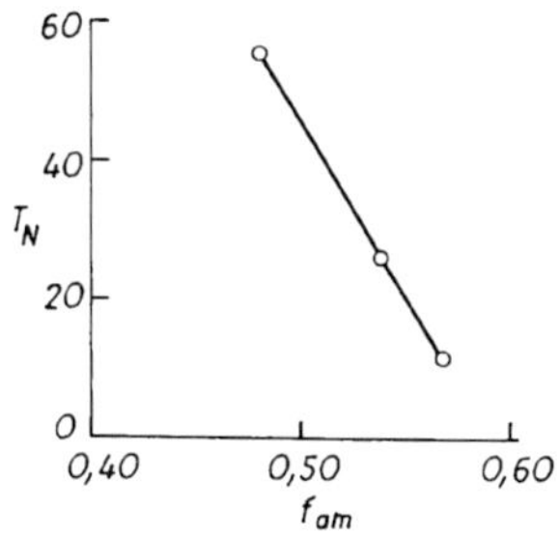

Bild 6. Abhängigkeit der thermischen Unstabilität T_N vom Orientierungsfaktor des amorphen Anteiles f_{am}

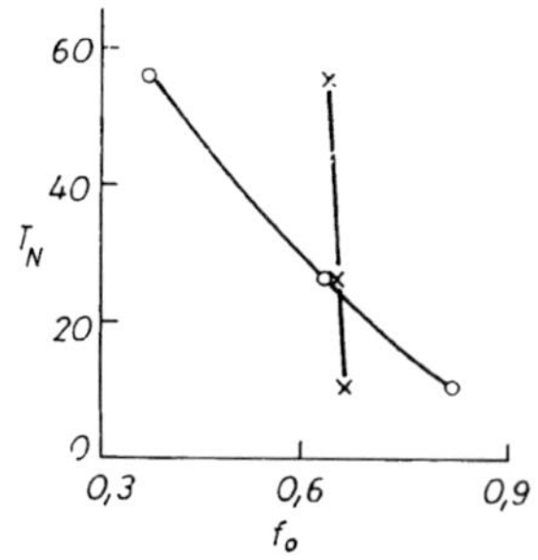

Bild 7. Abhängigkeit der thermischen Unstabilität von der Gesamt-Orientierung f_0, bestimmt aus dem dynamischen Elastizitätsmodul ○ und aus der Doppelbrechung ×

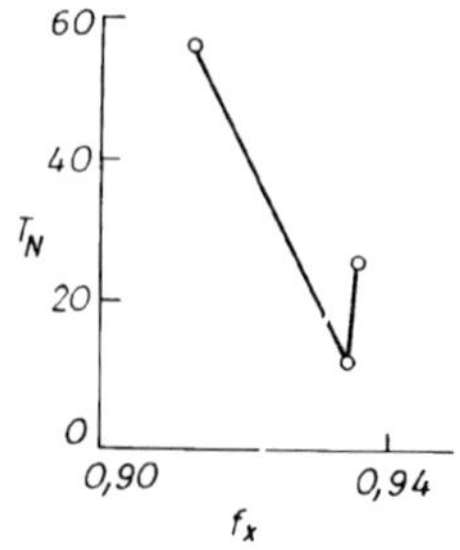

Bild 8. Abhängigkeit der thermischen Unstabilität von der Orientierung der kristallinen Bereiche f_x

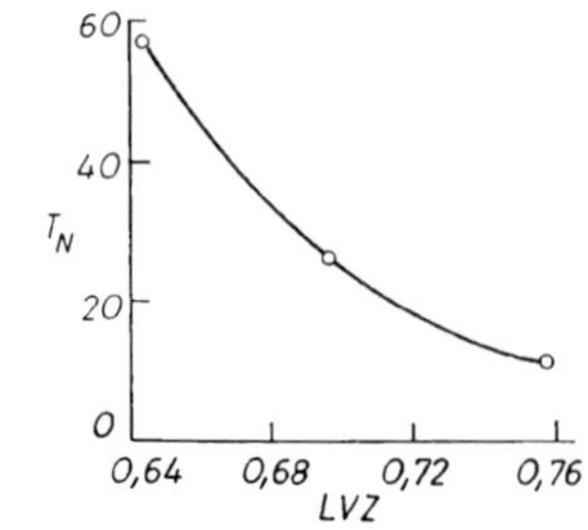

Bild 9. Abhängigkeit der thermischen Unstabilität von der Viskositätszahl *LVZ*

wurde graphisch das Temperaturintegral berechnet. Der Wert dieses Integrals T_N sinkt mit steigender Thermostabilität und kann daher als Maß der thermischen Unstabilität betrachtet werden. Diese Unstabilität haben wir wie folgt berechnet:

$$T_N = \int_{20\,°C}^{200\,°C} \frac{X_0 - X}{X} \cdot dT.$$

Die T_N-Werte der einzelnen Proben sind:

12,06 für A,
26,42 für B,
55,89 für C.

Die angeführten Werte wurden mit einigen vor der Wärmebehandlung bestimmten Eigenschaften der Faserstruktur (f_{am}, f_0, f_x [11, 12] und Grenzviskositätszahl) verglichen, wobei die in den Bildern 6 bis 9 dargestellten Abhängigkeiten gefunden wurden.

Aus den Bildern 6 und 9 geht hervor, daß die thermische Unstabilität der PÄT-Fasern eine Funktion der Orientierung der amorphen Bereiche f_{am} (Bild 6) und der Grenzviskositätszahl LVZ (Bild 9) ist. Mit steigender Orientierung der amorphen Bereiche und sich erhöhender Grenzviskositätszahl nimmt auch die Thermostabilität der untersuchten Proben zu. Die Änderung der Gesamtorientierung f_0 ist vorwiegend eine Funktion der Orientierung der amorphen Bereiche, da die Orientierung der kristallinen Bereiche f_x sich nur sehr wenig ändert und die Thermostabilität der untersuchten PÄT-Fasern (Bild 8) nicht beeinflußt. Die Bestimmung der Gesamtorientierung aus dem dynamischen Elastizitätsmodul scheint eine empfindlichere Methode zu sein als die Bestimmung der Doppelbrechung (Bild 7).

Literatur

[1] *Vyskočil, I., Markušovská, E.*, und *Šutá, Š.*: Zur Frage der Thermostabilität einiger PÄT-Fasern. XVIII. Ungarische Textiltechnische Konferenz, Budapest 1970.
[2] *Batuner, L. N.*, und *Pozin, M. E.*: Matematické Metody v. Chémii. Bratislava 1956.
[3] *Perepelkin, K. E.*: Über die theoretischen und praktisch erreichbaren Elastizitäts- und Festigkeitseigenschaften von Chemiefaserstoffen. Chim. Volokna (Chem. Fasern) (1966) 2, S. 3—13; dt. in: Sowj. Beitr. Faserforsch. Textiltechnik **3** (1966) 8, S. 395—409.
[4] *Davis, T. E., Tobias, R. L.*, und *Peterli, E. B.*: Thermal degradation of polypropylen. J. Polymer Sci. **56** (1962) S. 485—499.
[5] *Michajlov, N. V.*: Derzeitige Probleme der Struktur und Festigkeit von Chemiefasern. Chim. Volokna (Chem. Fasern) (1964) 1, S. 7—19; dt. in: Sowj. Beitr. Faserforschung Textiltechnik **1** (1964) 1, S. 2—17.
[6] *Kalousková, V.*, und *Pajgrt, O.*: Prednáška na aktíve vláknárov. Vorgetragen auf dem Aktiv der Textilchemiker, Tábor 1969.
[7] *Smith, J. C., Blandford, J. M.*, und *Schiefer, H. F.*: Stress-strain relationships in Yarns subjected to rapid impact loading. Textile Res. J. **30** (1960) 10, S. 752—760.
[8] *Žurkov, S. N.*, und *Abasov, S. A.*: Temperatur- und Zeitabhängigkeit der Festigkeit von polymeren Fasern. Vysokomol. Soed. (Hochmol. Verbind.) **3** (1961) 3, S. 441—449.
[9] *Žurkov, S. N.*, und *Abasov, S. A.*: Die Rolle der chemischen und zwischenmolekularen Bindungen beim Reißen von Polymeren. Vysomol. Soed. (Hochmol. Verbind.) **3** (1961) 3, S. 450—455.
[10] *Hladik, V.*: Einige Bemerkungen zur Fixiergradbestimmung. Věda a Výskum v Text. Prům. (Wiss. u. Forsch. Textilind.) (1970) 11, S. 61—67.
[11] *Hermans, P. H.*: Contributions to the Physics of Cellulose Fibres. New York: Elsevier Publishing 1949.
[12] *Osinin, S. G.*, und *Nosov, M. P.*: Mech. Polimerov, Riga (Mechanik der Polymeren) (1967) 3, S. 409.

Eingegangen am 11. Oktober 1971

Neue Bücher

Vinyl and Diene Monomers. Part 2. Hgg. von *E. C. Leonard* (High Polymers Vol. XXIV). New York/London/Sydney/Toronto: Wiley/Interscience 1970. IX, 723 S. (479—1202). Lwd. £ 17,75.

Der zweite Band ist wie der erste[1]) nach dem gleichen Prinzip — Herstellung, Reaktionen, Polymerisation — aufgebaut und durchgehend paginiert. Neben Styrol und den wichtigsten Olefinen liegt das Schwergewicht bei den Dienen.

Das erste Kapitel Styro und verwandte Monomere (97 S., 277 Lit.) von *K. E. Coulter, H. Kehde* und *B. F. Hiscock,* The Dow Chem. Co., behandelt neben Styrol noch Divinylbenzol, Vinyltoluol, α-Methylstyrol und Chlorstyrol. Das zweite Kapitel Äthylen, Propylen und 1-Buten von *R. E. Haney,* Esso Research and Engineering Co., (112 S., 177 Lit.) ist den wichtigsten Olefinen gewidmet. Kapitel 3, Isobutylen (65 S., 261 Lit). wurde von *J. P. Kennedy* und *I. Kirshenbaum,* Esso Research and Engineering Co., verfaßt. Die beiden umfangreichsten Kapitel 4 und 5, Butadien (238 S., 1181 Lit.) und Isopren (151 S., 849 Lit.) stammen aus der Feder von *W. J. Bailey,* University of Maryland. Das 6. und letzte Kapitel, von *P. S. Bauchwitz, J. B. Finley* und *C. A. Stewart, jr.,* E. I. du Pont de Nemours u. Co. (Inc.), befaßt sich mit Chloropren (34 S., 242 Lit.). Ein ausführliches Sachverzeichnis schließt den sehr gut ausgestatteten Band ab.

Neben der Herstellung liegt das Schwergewicht auf den Eigenschaften und chemischen Reaktionen der Monomeren. Die Abschnitte über die Polymerisation sind dagegen kurz gehalten. Dazu wurde eine Fülle von Material aus der Literatur zusammengetragen und in zahlreichen Tabellen und Graphiken verdichtet. Auch dieser Band wird sich einen festen Platz in den Polymerlaboratorien sichern.

H. Herma

[1]) Siehe diese Zeitschrift **22** (1971) 7, S. 373.

Physical Chemistry of Adhäsion. Von *David H. Kaelble.* New York/London/Sydney/Toronto: Wiley/Interscience 1971. XII, 508 S. Lwd. £ 19,00.

Das Anliegen des Autors ist es, nicht nur die reine Oberflächenchemie zu behandeln, sondern die vielfältigen Erscheinungen der Adhäsion und Kohäsion umfassender darzustellen, so daß folglich auch Bereiche der Polymerphysik, der Rheologie und der Bruchmechanik in die Betrachtungen mit einbezogen werden. Durch eine das Wesentliche enthaltende prägnante Darlegung der Grundlagen ist gleichzeitig auch die Verbindung der verschiedenen Disziplinen untereinander gegeben. Andererseits kann sich der Leser, ob nun Physiker, Chemiker oder Anwendungstechniker, mit den einzelnen Gebieten und den entsprechenden neueren Theorien vertraut machen.

Zum Aufbau und Inhalt des Buches ist zu bemerken, daß es in di edrei Hauptabschnitte Oberflächenchemie, Rheologie sowie Bindung und Bruch unterteilt ist. Der erste Hauptabschnitt, in dem auf der Grundlage der freien Energie für Grenzflächenadsorption und Diffusion die Definitionen der Adhäsion abgeleitet werden, enthält Kapitel über inner- und zwischenmolekulare Kräfte und Struktur, Löslichkeitsverhältnisse, Ober- und Grenzflächen sowie über Oberflächenkriterien der Adhäsion. Hierbei geht der Autor ein u. a. auf das Periodensystem der Elemente, die Atomstruktur, auf Bindungsverhältnisse und Orbitale, Polymerlösungen, die Kohäsionsenergiedichte von Mischungen und das Quasi-Gittermodell für einfache Flüssigkeiten, das erweitert wird, um auch Struktur und Eigenschaften von Polymeren beschreiben zu können.

Im Hauptabschnitt „Rheologie" wird nicht die Rheologie im engeren Sinne der Fließkunde behandelt, sondern es werden betrachtet Struktur, Eigenschaften und Zustandsfunktionen von Polymeren, die Gittertheorie der Glasumwandlung sowie klassische Vorstellungen von Spannung und Dehnung in isotropen Körpern mit der Erweiterung zu einer molekularen Theorie der Deformation und des Fließens, um so zu einer Vertiefung physikalisch-chemischer Erkenntnisse hinsichtlich der Natur der Adhäsion zu gelangen.

Das dritte Hauptkapitel über „Bindung und Bruch" befaßt sich schließlich mit phänomenologischen und verfahrenstechnischen Aspekten der Adhäsions- und Kohäsionserscheinungen und enthält Kapitel über die lineare Viskoelastizität, über mechanische Eigenschaften und Kohäsion, über die Theorie der Adhäsion und Kohäsion und ein Schlußkapitel, das der Korrelation zwischen Grenzflächenadhäsion, z. B. hinsichtlich von Oberflächenspannungs- und Benetzungsmessungen, und adhäsiver Kräfte, die z. B. bei Zugfestigkeitsprüfungen wirken, gewidmet ist.

Der Autor bemüht sich in den einzelnen Kapiteln, in angemessener Weise auch die Theorie mit der Praxis zu verbinden, wobei u. a. auf die Analyse der Kontaktwinkelmessungen, auf die Bedeutung von Messungen der thermischen Ausdehnung und Kompression hinsichtlich des physikalischen Zustandes von Polymeren und auf die verschiedenen Beanspruchungsmöglichkeiten zur Ermittlung von Relaxations- und Retardationsspektren eingegangen wird.

Kleinere Druckfehler, die insbesondere bei einigen Formeln auftreten, aber nicht sinnentstellend wirken, sollten bei einer Neuauflage berichtigt werden, den Wert des Buches schmälern sie keinesfalls. Das Buch kann allen Verfahrenstechnikern, Physikern und Chemikern, die sich mit den vielfältigen Erscheinungen der Adhäsion näher befassen oder mit ihnen in Berührung kommen, wärmstens empfohlen werden, insbesondere da das Thema, die physikalische Chemie der Adsorption, in einem größeren Zusammenhang umfassend behandelt wird. *K. Wulf*

Auswirkungen von Speisegewichtsschwankungen in der Krempelvorlage auf die Vorgarnungleichmäßigkeit. Von *W. Wegener* und *P. Ehrler.* Forschungsberichte des Landes Nordrhein-Westfalen. Nr. 2147. Köln und Opladen: Westdeutscher Verlag 1970. 21 S., 9 Abb., 4 Tab. Kartoniert DM 14,80.

Die Verfasser widmen sich in dem Bericht der Fage, ob und in welchem Maße die Kastenspeiserfunktion sowie der Materialtransport zwischen Kastenspeiser und Reißkrempel bei einem Streichgarnkrempelsatz einen Einfluß auf die Vorgarnungleichmäßigkeit ausüben.

Anhand experimenteller Untersuchungen an einem bezüglich des Waagebehälters des Kastenspeisers (wurde mit automatisch arbeitender Meßeinrichtung für die Speisemasse versehen) leicht modifizierten Dreikrempelsatzes mit Flortäfelung des Typs Duesberg-Bosson unter Produktionsbedingungen (es kamen drei verschiedene Fasermischungen aus Schurwolle und PA bzw. PE zum Einsatz) wird nachgewiesen, daß

1. selbst extreme Speisegewichtsschwankungen beträchtlich gedämpft werden,
2. Speisegewichtsschwankungen zwischen 2 und 6% keinen Einfluß auf die Vorgarnmasseschwankungen haben und
3. jeder auf einen Produktionsstillstand folgende Anlaufvorgang trotz sehr guter Synchronisation der Antriebe zusätzlich relativ langzeitige Vorgarnmasseschwankungen erzeugt.

Das unter 2 festgestelle Ergebnis wird primär der Dublierwirkung der Flortäfelung zugeschrieben.

Ergänzend dazu muß bemerkt werden, daß man sehr wahrscheinlich auch ohne Flortäfelung kein grundlegend anderes Ergebnis erhalten würde, weil unter den angewandten Versuchsbedingungen (extreme Speisegewichtsschwankungen wurden durch Verringern der Speisemasse bei jeweils einem Speisezyklus simuliert, wobei die Zeitdauer für einen Speisezyklus etwa nur 5% der Fadendurchlaufzeit, d. h. der Totzeit des Dreikrempelsatzes betrug) die durch die Speisezyklen hervorgerufenen Störfrequenzen für das Gesamtsystem in einem Gebiet liegen, in dem der Frequenzgang theoretisch bereits sehr klein ist. Aus den Ergebnissen der Untersuchungen wird die Schlußfolgerung abgeleitet, daß es für den Ausgleich der Speisegewichtsschwankungen gegenwärtig nicht lohnend erscheint, die derzeit üblichen Krempelkonstruktionen zu verändern.

Eine merkliche Verbesserung der Vorgarnungleichmäßigkeit ließe sich nur mit einer völlig neuen Kastenspeiserkonstruktion erzielen, die allerdings die bisher üblichen Speisegewichtsschwankungen um mindestens eine Größenordnung herabdrücken müßte, um einen spürbaren Vergleichmäßigungseffekt im Vorgarn zu erreichen.

R. Beyreuther

Das Problem der Vorgarnvergleichmäßigung beim Streichgarn-Selfaktor. Von *W. Wegener* und *P. Ehrler.* Forschungsberichte des Landes Nordrhein-Westfalen. Nr. 2148. Köln und Opladen: Westdeutscher Verlag 1970. 27 S. Kartoniert DM 22,—.

In der Arbeit werden eingangs die für die Bewertung der experimentellen Untersuchungen notwendigen theoretischen Grundlagen der Ungleichmäßigkeit von Faserverbänden angeführt.

Die Notwendigkeit, eine nahezu klassische Stufe der Verarbeitungstechnologie von Feingarnen einer umfangreichen experimentellen Überprüfung unter dem Aspekt der Ungleichmäßigkeitsfortpflanzung zu unterziehen, leitet sich von der Tatsache ab, daß alle bekanntgewordenen Arbeiten zu diesem Problem entweder an Modellselfaktoren oder an Selfaktoren älterer Bauart durchgeführt wurden und nicht auf die derzeit mögliche Technik (MaK-Standspinner) übertragbar sind.

Der Einfluß der verschiedenen Prozeßparameter Wagenausfahrtszeit (6,6 s bzw. 13,3 s), Verzugsart (Wagenverzug, gleichbleibender Verzug, steigender Verzug), Verzugsgröße (1,15; 1,30; 1,45) sowie die Schließdrahtcharakteristik (langsamer, schneller oder sehr schneller Fadenschluß) auf die Feinheitsungleichmäßigkeit wurde an einem Selfaktor-Standspinner des Typs MaK 644 V untersucht.

Folgende Aussagen und Ergebnisse werden expliziert:

Bei jeder Verzugsart ist eine Vergleichmäßigung des Fadenmaterials statistisch gesichert nachzuweisen. Der Vergleichmäßigungseffekt wird maximal, wenn der Wagenverzug (Verzug nur im letzten Teil der Wagenausfahrt) mit einer relativ langen Ausfahrtszeit und mit einem relativ schnellen Fadenschluß kombiniert wird. Diese Betriebsweise senkt natürlich die Produktivität des Verfahrens.

Wenn der Faserverband relativ weit geschlossen ist, dann ist auch mit einer kurzen Ausfahrtszeit, kombiniert mit einer beliebigen Verzugsart, eine Vergleichmäßigung zu erzielen.

Gezielte Experimente zur Bestimmung der Drehungsfortpflanzung sowie der Masseverteilung im Verzugsfeld führen zu der Schlußfolgerung, daß der Faserverband im Verzugsfeld bei den beiden Verzugsarten „konstanter Verzug" und „steigender Verzug" sowohl einem „Hauptverzug" (greift am Lieferzylinderpaar an) als auch einem „Nebenverzug" (wirkt während der gesamten Wagenausfahrtszeit im gesamten Verzugsfeld auf den Faserverband ein) unterworfen wird.

Der Bericht ist insgesamt — besonders durch seine aus den Experimenten abgeleiteten klaren Schlußfolgerungen — ein fundierter Beitrag zur Erklärung der kombinierten Drehungs- und Verzugsvorgänge beim Selfaktor.

R. Beyreuther

Review of Progress in Coloration and Related Topics. Hgg. von *H. S. Bosten* und *M. Tordorf.* Vol. 1 und Vol. 2. Bradford: Soc. of Dyers and Colourists. 1970 und 1971. Preis je Heft £ 3,10.

Mit dem Erscheinen der „Review of Progress in Coloration and Related Topics" ist dem Koloristen und Färber ein Informationsmittel gegeben, das in weit besserem Maße einen Überblick über die Fortschritte auf dem Gebiete der Farbgebung gestattet, als es mit Hilfe des Vorläufers „Review of Textile Progress" möglich war. Während letzteres Publikationsorgan sich hauptsächlich auf das Aufzählen der wichtigsten Neuerscheinungen beschränkte, erfolgt in den „Review of Progress in Coloration and Related Topics" dominierend eine kritische Beleuchtung der die Farbgebung betreffenden Fachliteratur durch dafür besonders prädestinierte Fachleute. Dabei wird häufig ganz ausführlich die einschlägige Patentliteratur abgehandelt. Wesentlich ist auch, daß die Rückschau nicht nur die Textilfärberei und -druckerei, sondern ebenso jedes beliebige verwandte Gebiet berücksichtigt.

Vorerst liegen Band 1 und 2 dieser Rückschau vor. Auf Grund der erwähnten Ausdehnung des Gesichtskreises sowie der Betonung einer kritischen Kommentierung kann in jedem Band jeweils nur eine Auswahl von Spezialgebieten enthalten sein, bestimmt von den augenblicklichen Schwerpunkten auf dem Sektor der Farbgebung. Innerhalb einer vertretbaren Zeitspanne sollen jedoch alle interessierenden Themen rezensiert werden.

Im Band 1, der vorwiegend die Literatur vom Juni 1967 bis September 1969 erfaßt (vorangegangene Literatur wird letztmalig in „Review of Textile Progress", Band 18, behandelt), kommen u. a. zu Wort: *F. Jones* über die Theorie des Färbens, *I. Holme* über Faserphysik und -chemie in Beziehung zur Farbgebung, *B. Milićević* über die Anwendung nichtwäßriger Lösungsmittel in der Textilveredlung und *A. Howarth* über den Textildruck. *R. W. G. Hunt* mit einem Aufsatz zur Farbmessung, *D. Haigh* mit einem Aufsatz über das Färben von Strickwaren, *F. H. Burkitt* und *S. A. Heap* mit einem Aufsatz über die chemische Modifizierung von Textilien sowie *E. R. Inman* mit einem Aufsatz über die neuesten Entwicklungen bei organischen Pigmenten berichten u. a. im Band 2 der „Review of Progress in Coloration and Related Topics", wobei die Literatur von Juni 1967 bis Sept. 1970 Berücksichtigung findet.

Jede Ausgabe umfaßt ca. 80 Seiten, auf denen 8 bzw. 9 Themen behandelt werden. Ein ausführliches Sachwortverzeichnis am Ende des Bandes erleichtert das rasche Auffinden eines speziellen Problems.

Vielleicht sollten zukünftig Ankündigungen von Themen für den nächsten Band unterbleiben, wenn ihr Erscheinen dann nicht garantiert werden kann, wie die beiden ersten Ausgaben zeigen. Als ein gewisser Mangel ist auch das Nichtbekanntsein des Erscheinungstermins für Band 3 anzusehen. Offenbar ist eine zwanglose Erscheinungsfolge vorgesehen.

„Review of Progress in Coloration and Related Topics" kann jeder Fachbibliothek, in der Probleme der Farbgebung auf Interesse stoßen, empfohlen werden und sollte insbesondere in den Informationsstellen der Textilindustrie nicht fehlen.

R. Teichmann

A Laboratory Course in Dyeing. Von *V. C. H. Giles.* Bradford, England: The Society of Dyers and Colourists 1971. XII, 136 S. brosch. £ 3,00.

Dieses Buch ist ein Lehrbuch für Studenten speziell für die praktische Ausbildung auf dem Gebiet der Färberei.

Im theoretischen Teil werden die Grundkenntnisse über Licht und Farbe, Farbmetrik, Struktur und Eigenschaften der Fasern und Farbstoffe, Anwendung der Farbstoffe für die einzelnen Faserarten, Einflußfaktoren auf den Färbeprozeß u. a. vermittelt.

Im praktischen Teil werden einleitend die grundlegenden Voraussetzungen für die Durchführung von Färbungen erläutert und die Einflußfaktoren auf den Färbeverlauf durch Laborversuche veranschaulicht. Dabei wird eingegangen auf Farbstoffauswahl, Versuchsmaterial, Apparate, Färbebedingungen, Färbegeschwindigkeit, Substantivität, Sättigung u. a. Danach werden die geeigneten Farbstoffklassen für Cellulosefasern, Wolle, Naturseide, Synthesefasern und Fasermischungen besprochen und zahlreiche praktische Übungen angeführt.

Am Schluß des Lehrgangs wird auf die verschiedensten Prüfmethoden eingegangen. Auszugsweise seien hier nur angeführt; die Lichtechtheitsprüfung, Bestimmung der Wasserhärte sowie der oberflächenaktiven Substanz in Flotten, Identifizierung von Fasern und Farbstoffen auf der Faser, pH-Messung, farbmetrische Untersuchungen, Anwendung des CIE-Systems, Ermittlung von Farbdifferenzen.

Das umfangreiche Literaturverzeichnis dient zur Vertiefung der Kenntnisse.

Dieses kleine Handbuch wird für die Studenten eine wertvolle Hilfe während ihrer Ausbildung sein. Es kann aber ebenso zu einem guten Nachschlagewerk für Mitarbeiter im Färbereilabor werden.

R. Zosel

Molecular Weight Distributions in Polymers. Von *Leighton H. Peebles, jr.* New York/London/Sydney/Toronto: Interscience Wiley 1971. X, 332 S. Lwd. £ 8,25.

Die Technik des wissenschaftlichen Gerätebaues ist so weit fortgeschritten, daß es heute schon prinzipiell möglich ist, die Verteilung der relativen Molekülmasse und ihre verschiedenen Mittelwerte in größerem Umfange zu bestimmen und gegebenenfalls zur laufenden Produktionskontrolle oder Prozeßführung einzusetzen. Die für Produktion und Forschung aktuelle Frage ist, wie Veränderungen des Herstellungsprozesses die Verteilung der relativen Molekülmasse beeinflussen und wie sich Unterschiede in der Verteilung auf die Polymereigenschaften auswirken.

Das vorliegende Buch — es ist der 18. Band der von *H. F. Mark* und *E. H. Immergut* herausgegebenen Reihe „Polymer Reviews" — stellt zum ersten Male die aus der Literatur bekannten, aus kinetischen oder statistischen Überlegungen gewonnenen Verteilungen der relativen Molekülmasse zusammen. Der Autor verzichtete weitgehend auf Ableitungen und Kommentare über Voraussetzungen und Annahmen. Die Nomenklatur standardisierte er. Viele Beispiele, die meist für $M_n = 100$ berechnet wurden, illustrieren die Darstellung.

In einem einleitenden Kapitel werden allgemeine Verteilungsfunktionen und ihre Eigenschaften beschrieben. Der Additionspolymerisation sind zwei Kapitel (Polymerisation mit Abbruch und „lebende Polymere" mit partieller Desaktivierung) gewidmet. Es folgen Darstellungen über die lineare Kondensationspolymerisation ohne Ringbildung, nichtlineare Systeme und die Gleichgewichtspolymerisation. Jedes Kapitel ist stark gegliedert, vor allem nach dem Reaktionsablauf und den Reaktionsbedingungen. Das Buch schließt mit einem Verzeichnis der verwendeten Symbole und einem Autorenregister. Das Sachverzeichnis (eine Seite!) ist ungenügend. Der Nutzer ist auf die Inhaltsübersichte der einzelnen Kapitel angewiesen.

Bei der Durchsicht des Buches fällt die außerordentlich konzentrierte Darstellung auf. Sie geht von den allgemein formulierten Reaktionsbedingungen aus und abstrahiert weitgehend von den Substanzen. Als Lehrbuch ist der Band daher kaum geeignet. Die Originalliteratur sollte mit herangezogen werden. Dem Autor ist es offensichtlich nicht gelungen, die europäische, nichtenglischsprachige Literatur, bis in die neueste Zeit auszuwerten. So sind die Arbeiten von *Figini* über anionische Polymerisation bis 1965 noch vertreten. Es fehlen die Untersuchungen von *Markert* (1967) über die Verteilung der chemischen Zusammensetzung von Copolymeren, die die Veränderung der Monomerkonzentration berücksichtigen.

Das Buch ist wertvoll für alle jene, die die Verteilung der relativen Molekülmasse und ihre Mittelwerte bestimmen und die sich mit dem Einfluß der Herstellungsbedingungen auf die Verteilung beschäftigen. Es kann dazu beitragen, in zunehmendem Maße theoretische Betrachtungsweisen und die mathematische Modellierung in dieses relativ schwierige Gebiet der Polymerforschung einzuführen.

P. Fritzsche

Patentschau

Auszug aus der Lieferung 13/14/1971 der Patentschau „Faserstoffe und Textiltechnik", Ausgabe A: Faserstoffe einschl. Kunststoffe und organ. Grundsubstanzen, zusammengestellt von der Abteilung Wissenschaftliches Berichtswesen des Instituts für Faserstoff-Forschung der DAW, 153 Teltow-Seehof, Kantstr. 55

Die Patentschau ist nach der Internationalen Patentklassifikation (IPC) gegliedert. Es bedeuten: DDP = DDR-Patent; DBP = Deutsches Bundespatent; DAS = (West)-Deutsche Auslegeschrift; DOS = (West)-Deutsche Offenlegungsschrift; OeP = Österreichisches Patent; PoP = Polnisches Patent; SzP = Schweizer Patent; FrP = Französisches Patent; GBP = Britisches Patent; JaP = Japanisches Patent; SvP = Schwedisches Patent; SUP = Sowjetisches Patent; ČSP = Tschechoslowakisches Patent; USP = Amerikanisches Patent; A = Anmeldedatum, O bzw. B = Tag der Ausgabe der Offenlegungs-, Auslege- bzw. Patentschrift.

Sektion C: Chemie und Metallurgie

CHEMIE

Klasse C 03. Glas; Mineral- und Schlackenwolle

Klasse C 03b. Herstellung, Formgebung und Nachbehandlungsverfahren

Klasse C 03b 37/00 Herstellen oder Behandeln von Flocken, Fasern oder Fäden aus zähflüssigem Glas, zähflüssigen Mineralien oder Schlacken

JaP 7035371. Herstellung von Mineralfäden. Inh.: Nippon Sheet Glass Co. Ltd. A. 5. 2. 68, B. 12. 11. 70. Kl.: F1 – L1. A.-Z.: 7010/68.

SUP 300429 (Urheberschein). Vorrichtung zur Herstellung von Glasseide Erf.: *V. I. Burjakin, M. B. Il'jašenko, L. K. Moiseev, V. D. Chochlov, O. S. Ljubutin, V. M. Veresin, M. A. Vincarevič, V. L. Šepelev,* u. *E. F. Ščepetov.* A. 13. 11. 69, B. 7. 4. 71. Int. Kl.: C 03b 37/02. A.-Z.: 1375936/29 – 33.

SUP 300430 (Urheberschein). Fadensammelvorrichtung. Erf.: *V. I. Volkov, F. I. Matov, L. M. Landa, V. N. Gulyj, V. V. Karlin, V. E. Kopyt* u. *A. P. Garšin.* Anm.: Berdjanskij Zavod Steklovolokna i Vsesojuznyi naučnesvatelsskij Instituut Abrazimov i Slifovavanija. A. 24. 12. 69, B. 7. 4. 71. Int. Kl.: C 03b 37/10. A.-Z.: 1388589/29 – 33.

USP 3560179. Rotierende Vorrichtung mit Flüssigkeit bewegenden Mitteln zur Herstellung von Glasfäden aus heißerweichbaren anorganischen Materialien. Erf.: Kleist, Dale. Inh.: Owens-Corning Fiberglas Corp. A. 9. 7. 68, B. 2. 2. 71. Kl.: 65 – 14, Int. Kl.: C 03b 37/04, 37/06. 4 Anspr. A.-Z.: 743545. Entspr. DOS 1932644 u. FrP 2012546.

Klasse C 07. Organische Chemie

Klasse C 07d. Heterocyclische Verbindungen

JaP 7035763. ε-Aminocapronsäure. Inh.: Teijin Ltd. A. 7. 10. 68, B. 14. 11. 70. Kl.: A43 – E16. A.-Z.: 73016/68. Entspr. FrP 2014216.

Klasse C 08. Makromolekulare Verbindungen; ihre Herstellung und chemische Verarbeitung; auf diesen Verbindungen beruhende Gemische

C 08b. Polysaccharide und deren Derivate

SUP 301339 (Urheberschein). Verfahren zur Herstellung von gebleichten Celluloseacetaten. Erf.: *T. M. Kubaenko, E. S. Kulikova, N. I. Kuznecova, V. I. Sidorov, V. N. Frolov,* u. *K. M. Černov.* Anm.: Vladimirskij chimičeskij Zavod. A. 18. 1. 68, B. 21. 4. 71. Int. Kl.: C 08b 3/12. A.-Z.: 1212230/23 – 5.

USP 3553178. Kohlendioxid als Koagulans für ein Äthylenpolymeres. Erf.: *Bert H. Clampitt, Rajindar K. Hochhar, Robert K. Bartholomew* u. *Harold L. Burrus.* Inh.: Gulf Research & Development Co., Pittsburgh, Pa. A. 7. 9. 67, B. 5. 1. 71. Kl.: 260 – 80, 72. Int. Kl.: C 08f 47/00. 9 Anspr. A.-Z.: 665962.

Klasse C 08f. Polymerisationsprodukte

DOS 1919704. Verfahren zur Herstellung von Polyolefinen. Erf.: *Fritz Gude* u. *Reinhard Samblebe.* Anm.: Veba-Chemie AG, 4660 Gelsenkirchen-Buer. A. 18. 4. 69, O. 5. 11. 70. Kl.: 39b4, 1/42. A.-Z.: P 1919704. Entspr. FrP 2042734.

DOS 2013497. Prozeßregelung bei der Herstellung eines Polymeren. Erf.: *Dirk Klaassen, Luciano Johannes Spadon* u. *Meindert Tiessens.* Anm.: Stamicarbon N. V., Heerlen (Nd). A. 20. 3. 70, O. 8. 10. 70. Kl.: 39b4, 1/80. A.-Z.: P 2013497. Prior.: 20. 3. 69 (Nd; A.-Z.: 6904266). Entspr. FrP 2039702.

OeP 290834. Verfahren zum Isolieren von in einem organischen Lösungsmittel gelösten, organischen Verbindungen. Inh.: Stamicarbon N. V., Heerlen (Nd). A. 27. 2. 69, B. 15. 10. 70. Kl.: 39b, 12. A.-Z.: A 1980/69. Prior.: 28. 2. 68 (Nd; A.-Z.: 6802774). Entspr. DOS 1909315.

FrP 2046133. Verfahren zur Polymerisation von äthylenisch ungesättigten Monomeren. Erf.: *L. Patron, M. Di Ciolo* u. *L. Console.* Inh.: Chatillon Soc. An. Italiana per le Fibre Tessili Artificiali S.p.A. A. 24. 2. 70, B. 9. 4. 71. Int. Kl.: C 08f 1/00, 3/00, 15/00. A.-Z.: 7006506. Prior.: 28. 2. 69 (It; A.-Z.: 13478 A/69). Entspr. DOS 2009215.

GBP 1220777. Kontinuierliches Verfahren zur Vinylpolymerisation. Inh.: Gulf Oil Canada Ltd. A. 6. 1. 69, B. 27. 1. 71. Kl.: C3.P, Int. Kl.: C08f 1/06. A.-Z.: 758/69. Prior.: 5. 1. 68 (Ca; A.-Z.: 009241). Entspr. DOS 1900112, FrP 1600251 u. USP 3551396.

GBP 1225534. Polymerisation von α-Olefinen. Inh.: E. I. du Pont de Nemours & Co. A. 11. 10. 68, B. 17. 3. 71. Kl.: C 3.P, Int. Kl.: C 08f 1/56. A.-Z.: 48439/68.

GBP 1225871. Polymerisationsverfahren. Inh.: Imperial Chemical Industries Ltd. A. 29. 1. 68, B. 24. 3. 71. Kl.: C 3.P, Int. Kl.: C 08f 1/56. A.-Z.: 4497/68. Entspr. DOS 1904356 u. FrP 2000928.

JaP 7036313. Kontinuierliche Entfernung von Lösungsmittel und α-Olefinpolymeren. Inh.: Dow Chem. Co. A. 15. 11. 66, B. 18. 11. 70. Kl.: A 17-(A76). A.-Z.: 74756/66.

SUP 299512 (Urheberschein). Verfahren zur Reinigung von Polyäthylen. Erf.: *Ja. Pauškin, M. Z. A. Rogovin, I. S. Panidi, T. V. Družinina, M. A. Tjuganova, L. A. Demiševa,* u. *S. S. Bol'šakova.* Anm.: Moskovskij Institut neftechimičeskoj i gazovoj promyšlennosti Im. I. M. Gubkina. A. 23. 9. 69. B. 26. 3. 71. Int. Kl.: C 08f 1/88. A.-Z.: 1371933/23-5.

USP 3560455. Verfahren zur Herstellung von Copolymeren des Maleinsäureanhydrids und eines aliphatischen Olefins mit 20 bis 30 C-Atomen. Erf.: *Stanley M. Hazen* u. *William J. Heilman.* Inh.: Gulf Research & Development Co., Pittsburgh, Pa. A. 26. 5. 69, B. 2. 2. 71. Kl.: 260-78,5. Int. Kl.: C 08f 1/08. 8 Anspr. A.-Z.: 827920.

USP 3562238. Verfahren zur Suspensionspolymerisation von Vinylchlorid-Polymeren. Erf.: *Clarence E. Parks.* Inh.: The B. E. Goodrich Co., New York, N. Y. A. 16. 9. 68, B. 9. 2. 71. Kl.: 260-92, 8, Int. Kl.: C 08f 1/11, 3/30. 5 Anspr. A.-Z.: 762313. Entspr. DOS 1946474 u. FrP 2018148.

DDP 78373. Verfahren zur Herstellung von feinfaserigen Gefügen. Erf.: *Rodolfo Cabellieri* u. *Michel Osterrieth*. Inh.: Solvay & Cie. (Be). A. 11. 12. 69, B. 12. 12. 70. Kl.: 39b4, Int. Kl.: C 08f. A.-Z.: AP 39b4/144271. Prior.: 13. 12. 68 (Be; A.-Z.: 178330).

DOS 1494188. Verfahren zur Herstellung von Platten, Folien, Fäden oder Fasern und Elastomeren aus linearen Kopf-Schwanz-Polymeren aus α-Olefinen. Erf.: *Giulio Natta*, *Piero Pino* u. *Giorgio Mazzanti*. Anm.: Montecatini Edison S.p.A., Mailand (It). A. 4. 6. 55, O. 15. 10. 70. Kl.: 39b4, 3/02. A.-Z.: P 1494188 (M 94514). Prior.: 8. 6. 54 u. 27. 7. 54 (It.; A.-Z.: 24227 u. 25109). Vgl. auch DOS 1494168 u. DOS 1494189. Entspr. USP 3438956.

DOS 1645329. Verfahren zum Unterbrechen der Tieftemperturpolymerisation von Vinylchlorid. Erf.: *Giancarlo Borsini*, *Carlo Nicora* u. *Lorenzo Ratti*. Anm.: Soc. Edison, Mailand (It). A. 11. 3. 66, O. 22. 10. 70. Kl.: 39b4, 3/30. A.-Z.: P 1645329 (S 102470). Prior.: 17. 3. 65 (It; A.-Z.: 5811/65). Entspr. DDP 55136, SzP 464534, FrP 1513233, GBP 1071250, SvP 326297 u. USP 3382223.

DOS 1720233. Polyvinylchlorid und Verfahren zur Herstellung von Polyvinylchlorid. Erf.: *Sergio Lo Monaco*, *Corrado Mazzolini*, *Luigi Patron* u. *Albert Moretti*. Anm.: Chatillon Soc. An. Italiana per le Fibre Tessili Artificiali S.p.A., Mailand (It). A. 23. 9. 67, O. 22. 10. 70. Kl.: 39b4, 3/30. A.-Z.: P 1720233 (A 56883). Prior.: 24. 9. 66 u. 13. 4. 67 (It; A.-Z.: 22791 A-66, 22792 A-66 u. 14908 A-67). A.-Z.: 14908 A-67 entspr. SzP 503767. A.-Z.: 22792 A-66 entspr. OeP 280584.

DOS 1940293. Verfahren zur Polymerisation von Tetrafluoräthylen. Erf.: *Dario Sianesi*, *Giancarlo Bernardi* u. *Gianfranco Veroli*. Anm.: Montecatini Edison S.p.A., Mailand (It). A. 7. 8. 69, O. 8. 10. 70. Kl.: 39b4, 3/24. A.-Z.: P 1940293. Prior.: 8. 8. 68 (It; A.-Z.: 19948 A-68).

DOS 2009137 Zus. z. Anm.: 1815142. Verfahren zur Massepolymerisation von Vinylchlorid. Erf.: *Luigi Patron* u. *Alberto Moretti*. Anm.: Chatillon Societá An. Italiana per le Fibre Tessili Artificiali S.p.A., Mailand (It]. A. 27. 2. 70, O. 5. 11. 70. Kl.: 39b4, 3/30. A.-Z.: P 2009137. Prior.: 28. 2. 69 (It; A.-Z.: 12474 A-69).

DAS 1302788. Verfahren zur Herstellung von α-Olefinpolymeren. Erf.: *Renato Serra* u. *Ettore Giachetti*. Anm.: Montecatini Edison S.p.A., Mailand (It.) A. 25. 4. 61, B. 18. 2. 71. Kl.: 39b4, 3/02. A.-Z.: P 1302788 (M 48824). Prior.: 28. 4. 60 (It; A.-Z.: 7555-60). Entspr. SzP 421523 u. USP 3189591.

SzP 503767. Verfahren zur Herstellung von Homo- oder Copolymeren. Erf.: *Sergio Lo Monaco*, *Corrado Mazzolini*, *Luigi Patron* u. *Alberto Moretti*. Inh. „Chatillon‘ Soc. An. Italiana per le Fibre Tessili Artificiali S.p.A., Via Conservatorio 13, Mailand (It). A. 25. 9. 67. B. 31. 3. 71. Int. Kl.: C 08f 1/62, 3/30, 15/00. A.-Z.: 13346/67. Prior.: 24. 9. 66 u. 13. 4. 67 (It; A.-Z.: 21993/66, 21994/66 u. 14908-A/67). Vergl. auch: SzP 488751, A.-Z.: 21994 entspr. FrP 1537528, GBP 1194260 u. GBP 1192639, A.-Z.: 14908 entspr. DDP 66023. DOS 1720233 u. OeP 280584.

JaP 7035666. Polymerlösung vom Acrylnitriltyp. Inh.: Mitsubishi Rayon Co. Ltd. A. 5. 6. 67, B. 13. 11. 70. Kl.: A 14-F 1-(A 69-A 94). A.-Z.: 35821/67.

JaP 7035792. Herstellung eines neuen Polysulfonsäurepolymeren. Inh.: Nitto Boseki Co. Ltd. A. 27. 9. 68, B. 14. 11. 70. K.l: A 12-(A 72). A.-Z.: 69525/68.

SUP 300478 (Urheberschein). Verfahren zur Herstellung von Polyolefinen. Erf.: *P. E. Matkovskij*, *G. A. Bejhol'd*, *L. N. Russijan*, *Ch.-M. A. Brikenštejn*, *F. S. D'jačkovskij*, *A. E. Šilov* u. *N. M. Čirkov*. Anm.: Filial Instituta chimičeskoj Fiziki AN SSSR. A. 31. 12. 69, B. 7. 4. 71. Int. Kl.: C 08f 3/06, 15/02. A.-Z.: 1392353/23-5.

ČSP 140567. Verfahren zur Polymerisation von Isobutylen oder zur Copolymerisation von Isobutylen mit Buten. Erf.: *Miroslav*, *Marek* CSc, *Jan Pecka*, *Miroslav Chmeliř* CSc., u. *Milena*, *Roosová*. A. 23. 1. 68, B. 28. 9. 70. Kl.: 39c, 25/01, Int. Kl.: C 08f 3/14. A.-Z.: 538-68.

ČSP 140582. Verfahren zur Polymerisation von α-Oefinen. Erf.: *Rostislav Vilim*, CSc, *Miloš*, *Elefant*, u. *Pavel Hudec*, RNDr. A. 27. 3. 68, B. 28. 9. 70 Kl.: 39c, 25/01, Int. Kl.: C 08f. A.-Z.: 2332-68.

USP 3562239. Verfahren zur Herstellung der $TiCl_3$-Komponente eines Olefinpolymerisationskatalysators. Erf.: *Martijn H. de Jong* u. *Pieter van Prooijen*. Inh.: Shell Oil Co., New York, N. Y. A. 21. 6. 67, B. 9. 2. 71. Kl.: C 08f 3/08. 7 Anspr. A.-Z.: 647613. Prior.: 30. 6. 66 (Nd; A.-Z.: 6609092). Entspr. FrP 1529318 u. GBP 1120079.

DOS 1620972 Zus. z. Anm.: 1570940. Vsrfahren zur Polymerisation von Cycloolefinen. Erf.: *Gino Dall'Asta* u. *Giovanna Carella*. Anm.: Montecatini Edison S.p.A., Mailand (It). A. 10. 2. 66, O. 5. 11. 70. Kl.: 39b4, 5/00. A.-Z.: P 1620972 (M 68343). Prior.: 11. 2. 65 (It; A.-Z.: 2889-65). Entspr. FrP 1467720.

DOS 1919047. Einstellung der Viskosität von Polyalkenameren. Erf.: *Karl Nützel*, *Friedrich Haas* u. *Günter Marwede*. Anm.: Farbenfabriken Bayer AG, 5090 Leverkusen (DB). A. 15. 4. 69, O. 22. 10. 70. Kl.: 39b4, 5/00. A.-Z.: P 1919047. Entspr. FrP 2039195.

DDP 78383. Perlpolymerisationsverfahren zur Herstellung makroporöser Polystyrolgele. Erf. u. Inh.: *Ralf Berger* u. *Klaus Mindner*. A. 3. 3. 69, B. 12. 12. 70. Kl.: 39c, 25/01, Int. Kl.: C 08f A.-Z.: WP 39c/138300.

DOS 2016731. Verfahren zur Herstellung von selbsterlöschenden Styrolpolymeren oder -copolymeren. Erf.: *Rosario Lanzo* u. *Nicolino Rainaldi*. Anm.: Montecatini Edison S.p.A., Mailand (It). A. 8. 4. 70, O. 5. 11. 70. Kl.: 39b4, 7/04. A.-Z.: P 2016731. Prior.: 10. 4. 69 (It; A.-Z.: 15341 A-69). Entspr. FrP 2043056.

DOS 1915682. Niedermolekulare, halogenhaltige Copolymerisate. Erf.: *Frank Wingler* u. *Herbert Bartl*. Anm.: Farbenfabriken Bayer AG, 5090 Leverkusen. A. 27. 3. 69, O. 8. 10. 70. Kl.: 39b4, 15/06. A.-Z.: P 1915682. Entspr. FrP 2040130.

DOS 1918414 Zus. z. Anm.: 1770223. Verfahren zur Herstellung von Mischpolymerisaten des Vinylchlorids. Erf.: *Ludwig Kuhnen*, Anm.: Chemische Werke Hüls AG, 4370 Marl. A. 11. 4. 69, O. 15. 10. 70. Kl.: 39b4, 15/06. A.-Z.: P 1918414. Entspr. FrP 2042728.

JaP 7033903. Herstellung eines Olefinblockcopolymeren unter Verwendung von Titansäureester-Katalysator. Inh.: Mitsuvishi Petrochem. Co. Ltd. A. 6. 11. 64, B. 30. 10. 70. Kl.: A 17-(A 83). A.-Z.: 80286/67.

SUP 299513 (Urheberschein). Verfahren zur Herstellung von plastifizierten Dispersionen von Vinylacetat-Copolymeren. Erf.: *V. V. Gromov*, *T. I. Perlova*, *G. A. Širikova*, *A. F. Gladkich*, *S. S. Mnacakanov*, *M. E. Rozenberg*, *V. S. A. Taradova*. A. 6. 10. 69, B. 26. 3. 71. Int. Kl.: C 08f 15/02. A.-Z.: 1370471/23-5.

USP 3562227. Verfahren zur Abtrennung von Polymerisations-Lösungsmittel aus elastomerem Polymeren. Erf.: *Giovanni di Drusco* u. *Paolo Galli*. Inh.: Montecatini Edison S.p.A., Mailand (It). A. 23. 12. 66, B. 9. 2. 71. Kl.: 260-80, 78, Int. Kl.: C 08f 15/40. 1 Anspr. A.-Z.: 604345. Prior.: 30. 12. 65 (It; A.-Z.: 29170/65). Entspr. FrP 1506800.

DOS 1915684. Polymerisate von Cyclopenten. Erf.: *Gottfried Pampus*, *Josef Witte* u. *Günter Marwede*. Anm.: Farbenfabriken Bayer AG, 5090 Leverkusen. A. 27. 3. 69. O. 8. 10. 70. Kl.: 39b4, 17/00. A.-Z.: P 1915684. Entspr. FrP 2040131.

USP 3553170 Zus. z. Pat. m. A.-Z.: 139343. A. 20. 9. 61. Copolymere von Vinylborverbindungen. Erf.: *William G. Woods*, *Irving S. Bengelsdorf* u. *Don L. Hunter*, Inh.: United Statas Borax & Chemical Corp., Los Angeles, Calif. A. 19. 10. 65, B. 5. 1. 71. Kl.: 260-66, Int. Kl.: C 08f 19/00, 19/02, 19/10. 12 Anspr. A.-Z.: 498122. A.-Z.: 139343 entspr. DAS 1227661 u. GBP 1009306.

DAS 1570852. Vorrichtung zur Photochlorierung von wäßrigen Suspensionen wasserunslöslicher Polymerisate. Erf.: *Shigeru Saito*, *Tetsuya Watanabe*, u. *Kazuo Noguchi*. Anm.: Kureha Kagaku Kogyo Kabushiki Kaisha, Tokio A. 28. 7. 65, B. 11. 2. 71. Kl.: 39b4, 27/02. A.-Z.: P 1570852 (K 56742). Prior.: 30. 7. 64 (Ja; A.-Z.: 43301). Entspr. FrP 1462246.

GBP 1228553 Zus. z. Pat. 1200711. Verfahren zur Trockenchlorierung von Polyvinylchlorid. Inh.: Pozzi Ferrandina S.p.A. A. 10. 7. 69, B. 15. 4. 71. Kl.: C 3. P. Int. Kl.: C 08f 27/02, 3/30. A.-Z.: 34915/69. Prior.: 20. 7. 68 (It; A.-Z.: 19254). Entspr. DOS 1934584 u. FrP 2013391.

JaP 7035370. Phenolartiger Oxydationsstabilisator für Polyolefine. Inh.: Mitsubishi Rayon Co. Ltd. A. 17. 5. 67, B. 12. 11. 70. Kl.: A 17-E 14-F 1-(A 61-A 94-E 17). A.-Z.: 41362/67.

JaP 7035660. Komposition zum Stabilisieren von Polyolefin. Inh.: Mitsui Petrochemical Industries Ltd. A. 7. 6. 67, B. 13. 11. 70. Kl.: A 17-(A 51 bis A 61). A.-Z.: 35977/67.

JaP 7035661. Kontrollmittel bei Lichtabbau von Polyolefin. Inh.: Sankyo Co. Ltd. A. 22. 7. 67, B. 13. 11. 70. Kl.: A 17-E 13-(A 81). A.-Z.: 47138/67.

USP 3560318. Faseraufschlämmung, die teilhydrolysiertes Polyvinylacetat enthält. Erf.: *Walter A.; Miller* u. *Ivey Allen, jr.* Inh.: Union Carbide Corp. A. 26. 12. 67, B. 2. 2. 71. Kl.: 161-82, Int. Kl.: B 32b 5/08, 27/02. 8 Anspr. A.-Z.: 693144.

USP 3560594. Farbstoffaufnahmefähige Polyolefinkompositionen. Erf.: *Alberto Bonvicini* u. *Giuseppe Cantatore*. Inh.: Montecatini Edison S.p.A., (It). A. 19. 8. 69, B. 2. 2. 71. Kl.: 260-897, Int. Kl.: C 08f 41/12. 3 Anspr. A.-Z.: 851433 (ausgesch. aus USP 3510437. A. 22. 5. 67, B. 5. 5. 70. A.-Z.: 640336). Prior.: 27. 5. 66 (It; A.-Z.: 12363/66). Vgl. auch USP 3510437. Entspr. FrP 1528175 u. GBP 1182002.

USP 3553163. Stabilisatoren für Polymere. Erf.: *Ronald B. Spacht*. Inh.: The Goodyear Tire & Rubber Co., Akron, Ohio. A. 31. 8. 67, B. 5. 1. 71. Kl.: 260-45,95. Int. Kl.: C 08f 45/58. 9 Anspr. A.-Z.: 664602.

C 08g. Polykondensations- und Polyadditionsprodukte

FrP 2045844. Verfahren zur Herstellung von hitzebeständigen Oxymethylenpolymeren. Inh.: Ube Industries, Ltd. A. 4. 6. 70, B. 9. 4. 71. Int. Kl.: C 08g 1/00. A.-Z.: 7020516. Prior.: 4. 6. 69 (Nd; A.-Z.: 6908497).

DDP 78382. Verfahren zur Herstellung von Polyestern. Erf. u. Inh.: *Hans-Ulrich Schimpfle*, *Aodlf Gesierich* u. *Max Weiler*. A. 26. 4. 68, B. 12. 12. 70. Kl.: 39c, 16, Int. Kl.: C 08g. A.-Z.: WP 39c/131793. Entspr. DOS 1900183.

DOS 1595781. Verfahren zur Herstellung hochmolekularer thermoplastischer Copoly(carboxylate/sulfonate). Erf.: *André Jan Conix* u. *Urbain Léopold Laridon*. Anm.: Gevaert Photo-Producten N. V., Mortsel-Antwerpen (Be). A. 22. 12. 60, O. 15. 10. 70. Kl.: 39b5, 17/005. A.-Z.: P 1595781 (G 48609). Prior.: 22. 12. 59 (Be; A.-Z.: 39450). Vgl. auch DOS 1445384.

DOS 1645494. Verfahren zur Herstellung von faserbildenden Polyestern. Erf.: *Kazuo Ogata*, *Kiyoshi Kazama*, *Shozo Suzuki* u. *Yasuo Morimatsu*. Anm.: Teijin Ltd., Osaka (Ja). A. 20. 7. 66, O. 17. 9. 70. Kl.: 39b5, 17/003. A.-Z.: P 1645494 (T 31632). Prior.: 20. 7. 65 (Ja; A.-Z.: 43828/65) Entspr. FrP 1487152, GBP 1152726 u. USP 3442868.

DOS 1915908. Verfahren zur Herstellung aliphatischer endständige Hydroxylgruppen aufweisender Polycarbonate. Erf.: *Wolfgang Heydkamp*, *Klaus König* u. *Horst Köpnick*. Anm.: Farbenfabriken Bayer AG, 5090 Leverkusen. A. 28. 3. 69, O. 15. 10. 70. Kl.: 39b5, 17/13. A.-Z.: P 1915908. Entspr. FrP 2037283.

DOS 2002846. Verfahren zur Herstellung von Lactonpolymerisaten. Erf.: *Franciscus Johannes Fredericus van der Plas* u. *Tillem Marius Wagner*. Anm.: Shell Internationale Research Maatschappij N. V., Den Haag (Nd). A. 22. 1. 70, B. 1. 10. 70. Kl.: 39b5, 17/017. A.-Z.: P 2002846. Prior.: 24. 1. 69 (Nd; A.-Z.: 6901177). Entspr. FrP 2029042.

GBP 1220488. Emulgatoren für Wasser-in-Öl-Emulsionen sowie Verfahren zu deren Herstellung. Inh.: Grindstedvaerket A/S. A. 1. 3. 68, B. 27. 1. 71. Kl.: C 3.R, Int. Kl.: C 08g 17/04. A.-Z.: 10128/68. Prior.: 3. 3. 67 (Da; A.-Z.: 1117).

JaP 7034159. Hochmolekulares Polycarbonat. Inh.: Teijin Kasei Co. Ltd. A. 21. 10. 66, B. 2. 11. 70. Kl.: A 23–(A 74). A.-Z.: 69467/66.

JaP 7035538. Herstellung und Reinigung von bis-(β-Hydroxyäthyl)-terephthalat. Inh.: Teijin Co. Ltd. A. 28. 12. 67, B. 13. 11. 70. Kl.: A 23–E 14–(A 76). A.-Z.: 84120/67. Entspr. DOS 1817282.

SUP 299519 (Urheberschein). Verfahren zur Herstellung von ungesättigten Polyestern. Erf.: *V. K. Skubin*, *D. F. Kutepov*, *V. V. Koršak* u. *A. D. Valgin*. Anm.: Moskovkij chemiko-technologičeskij Institut Im. D. I. Mendeleeva. A. 30. 6. 69, B. 26. 3. 71. Int. Kl.: C 08g 17/14. A.-Z.: 1343217/23-5.

DOS 1645440. Neue lösliche, ungesättigte Polyesteramid-Harze. Erf.: *Dietrich Helm* u. *Rainer Janssen*. Anm.: Schering AG, 1000 Berlin und 4619 Bergkamen (DB). A. 13. 12. 66, O. 22. 10. 70. Kl.: 39b5, 20/30. A.-Z.: P 1645440 (Sch 39954). Entspr. SzP 494792 u. FrP 1547058.

DOS 1645443. Ionogene Polymerisation von Lactamen. Erf.: *Johannes van Mourik* u. *Johannes van Beveren*. Anm.: Stamicarbon N. V., Heerlen (Nd). A. 26. 2. 65, O. 22. 10. 70. Kl.: 39b5, 20/18. A.-Z.: P 1645443 (St 23427). Prior.: 28. 2. 64 (Nd; A.-Z.: 6401963). Entspr. SzP 449964 u. GBP 1092146.

DOS 1645444. Ionogene Polymerisation von Lactamen. Erf.: *Eduard Frans Jozef Duynstee*, *Johannes von Mourik* u. *Johannes van Beveren*. Anm.: Stamicarbon N. V., Heerlen (Nd). A. 1. 3. 65, O. 22. 10. 70. Kl.: 39b5, 20/18. A.-Z.: P 1645444 (St 23438). Prior.: 4. 3. 64 (Nd; A.-Z.: 6402132). Entspr. SzP 449965, FrP 1425819, GBP 1093405 u. USP 3391124.

DOS 1645450. Ionogene Polymerisation von Lactamen. Erf.: *Johannes van Mourik* u. *Johannes van Beveren*. Anm.: Stamicarbon N. V., Heerlen (Nd). A. 9. 6. 65, O. 22. 10. 70. Kl.: 39b5, 20/18. A.-Z.: P 1645450 (St 23951). Prior.: 13. 6. 64 (Nd; A.-Z.: 6406750). Entspr. SzP 452894, FrP 1438704, GBP 1092827 u. USP 3408335.

DOS 1902507. Verfahren zur Herstellung von Polyamiden. Erf.: *Herbert Aman* u. *Erich Bäder*. Anm.: Deutsche Gold- und Silber-Scheideanstalt vorm. Roessler, 6000 Frankfurt. A. 18. 1. 69, O. 15. 10. 70. Kl.: 39b5, 20/10. A.-Z.: P 1902507. Entspr. FrP 2028572.

DOS 1919680. Hochmolekulare, lineare aromatische Polyesteramide. Erf.: *Günther Lenz, Heinrich Krimm* u. *Hermann Schnell*. Anm.: Farbenfabriken Bayer AG, 5090 Leverkusen. A. 18. 4. 69, O. 5. 11. 70. Kl.: 39b5, 20/30. A.-Z.: P 1919680. Entspr. FrP 2045422.

DOS 2010753. Verfahren zur Herstellung von gegen Wärme- und Lichtwirkung stabilisierten Polyamiden. Erf.: *Francesco Siclari, Piergiorgio Silvestroni* u. *Pierluigi Perazzoni*. Anm.: Snia Viscosa Societa Nazionale Industria Applicazioni Viscosa S.p.A., Mailand (It). A. 6. 3. 70, O. 1. 10. 70. Kl.: 39b5, 20/00. A.-Z.: P 2010753. Prior.: 6. 3. 69 (It; A.-Z.: 13744 A – 69). Entspr. FrP 2037163.

DOS 2014505. Anionische katalytische Polymerisation von Lactamen. Erf.: *Jozef Lambertus Maria van der Loos* u. *Peter Joseph Maria Wilhelmus Claassen*. Anm.: Stamicarbon N. V., Heerlen (Nd). A. 25. 3. 70, O. 1. 10. 70. Kl.: 39b5, 20/10. .A-Z.: P 2014505. Prior.: 25. 3. 69 (Nd; A.-Z.: 6904544). Entspr. FrP 2039978.

GBP 1225621. Polyoxamide. Inh.: Imperial Chemical Industries Ltd. A. 10. 5. 67, B. 17. 3. 71. Kl.: C3.R, Int. Kl.: C 08g 20/20. A.-Z.: 21668/67. Entspr. FrP 1565835.

GBP 1225622. Polyoxamide, Copolyoxamide und ihre Mischungen. Inh.: Imperial Chemical Industries Ltd. A. 10. 5. 67, B. 17. 3. 71. Kl.: C3.R, Int. Kl.: C 08g 20/20. A.-Z.: 21669/67. Entspr. FrP 1565241 u. USP 3553289.

GBP 1228587. Polyamide. Inh.: Imperial Chemical Industries Ltd. A. 1. 5. 67, B. 15. 4. 71. Kl.: C3.R, Int. Kl.: C 08g 20/02. A.-Z.: 20019/67. Entspr. FrP 1565134.

JaP 7035558. Herstellung von copolymerisierten Polyamiden. Inh.: Toyo Spinning Co. Ltd. A. 30. 11. 67, B. 13. 11. 70. Kl.: A24 – F1 – (A94). A.-Z.: 76400/67.

SUP 300486 (Urheberschein). Verfahren zur Herstellung von Polyimiden. Erf.: *G. S. Kolesnikov, O. Ja. Fedotova, R. I. Gramatikati*. u. Anm.: Moskovskij chimiko-technologičeskij Institut Im. D. I. Mendeleeva A. 30. 12. 69, B. 7. 4. 71. Int. Kl.: C 08g 20/32. A.-Z.: 1394364/23-5.

SUP 300487 (Urheberschein). Verfahren zur Herstellung von Polybenzimidazolaroylenimidazolen. Erf.: *V. V. Koršak, A. M. Kiznecov, V. V. Mikulenko, A. A. Izyneev, Ju. E. Dorošenko, G. F. Slezko* u. *D. M. Mognonov*. Anm.: Moskovskij chimikotechnologičeskij Institut Im. D. I Mendeleeva. A. 30. 12. 69, B. 7. 4. 71. Int. Kl.: C 08g 20/32. A.-Z.: 1394363/23-5.

DOS 1645575. Verfahren zur Herstellung lichtbeständiger Polyurethan-Elastomere. Erf. u. Anm.: *Vercelli Federico Urgesi*. (It). A. 8. 2. 66, O. 22. 10. 70. Kl.: 39b5, 22/04. A.-Z.: P 1645575 (U 12425). Prior.: 5. 11. 65 (It; A.-Z.: 25152).

JaP 7033672. Herstellung von Polyurethanen. Inh.: Kuraray Co. Ltd. A. 29. 7. 66, B. 29. 10. 70. Kl.: A25 – (A74). A.-Z.: 49941/66.

USP 3553118. Diiminverbindungen als Katalysatoren für die Polyurethanherstellung. Erf.: *Bernardas Brizgys*. Inh.: Wyandotte Chemicals Corp., Wyandotte, Mich. A. 21. 6. 68, B. 5. 1. 71. Kl.: 260-18, Int. Kl.: C 08g 22/34, 22/36. 10 Anspr. A.-Z.: 738772. Entspr. DOS 1931665.

DOS 1645068. Polyphenyläther und Verfahren zu ihrer Herstellung. Erf.: *Hein Markus Ede van Dort* u. *Cornelis Reinier Heinrich Izaak de Jonge*. Anm.: N. V. Onderzoekingsinstituut Research Arnheim (Nd). A. 18. 3. 66 O. 22. 10. 70. Kl.: 39b5, 23/18. A.-Z.: P 1645068 (N 28234). Prior.: 20. 3. 65 (Nd; A.-Z.: 6503568). Entspr. FrP 1471481 u. GBP 1118693.

JaP 7033669. Herstellung von Polyphenylenoxid. Inh.: Asahi Kogyo K. K, A. 1. 12. 66, B. 29. 10. 70. Kl.: A25-(A51). A.-Z.: 78334/66. Entspr. DOS 1720240.

DAS 1769243. Verfahren zum Stabilisieren von Polyacetalen. Erf.: *Bruno Sander, Heinrich Sperber* u. *Franz Schmidt*. Anm.: Badische Anilin- & Soda-Fabrik AG, 6700 Ludwigshafen. A. 25. 4. 68, B. 11. 2. 71. Kl.: 39b5, 37/04, 51/60. A.-Z.: P 1769243. Entspr. FrP 2006884.

JaP 7035670. Lichtstabilisierende Verbindung für Polyurethan. Inh.: Sankyo Co. Ltd. u. Asahi Chem. Ind. Co. Ltd. A. 17. 4. 67, B. 13. 11. 70. Kl.: A25 – E13 – (A61). A.-Z.: 24354/67. Entspr. SzP 484956, FrP 1546647, GBP 1145943 u. USP 3474068.

USP 3553290. Mit Kondensaten aus substituierten Phenolen und Divinylbenzolen stabilisierte Spandex-Fäden. Erf.: *Oliver Larry Hunt*. Inh.: E. I. du Pont de Nemours & Co., Wilmington, Del. A. 10. 4. 68, B. 5. 1. 71. Kl.: 260-859, Int. Kl.: C 08g 41/04. 11 Anspr. A.-Z.: 720379. Entspr. DOS 1918066, FrP 2005972 u. FrP 2005973.

C 08j. Allgemeine Herstellungs- und Verarbeitungsverfahren

DOS 1494691. Verfahren und Vorrichtung zum Pigmentieren hochmolekularer Kunststoffe. Erf.: *Wolf-Dieter Hahn*. Anm.: Metallgesellschaft AG, 6000 Frankfurt. A. 4. 6. 65, O. 1. 10. 70. Kl.: 39b7, 1/08. A.-Z.: P 1494691 (M 65479). Entspr. FrP 1469830 u. GBP 1106167.

ČSP 140600. Verfahren zur Herstellung von Faserstoffen aus ausgelaugtem entkalktem und gebeiztem Gerbereispaltleder, z. B. Maschinen-Leimleder. Erf.: *Milan Kremr* u. *Vâclav Hrabovský*. A. 27. 6. 68, B. 28. 9. 70. Kl.: 39b, 26/01, Int. Kl.: C 08k 1/68. A.-Z.: 4727-68.

USP 3553298. Hydrolytisch stabilisierte Phosphitester. Erf.: *James J. Hodan* u. *William L. Schall*. Inh.: Hooker Chemical Corp., Niagara Falls, N. Y. A. 20. 10. 67, B. 5. 1. 71. Kl.: 260-967, Int. Kl.: C 07f 9/08. 16 Anspr. A.-Z.: 676709. Entspr. DOS 1800675.

Sektion D. Textilien und Papier

TEXTILIEN

D 01. Natürliche und künstliche Fäden und Fasern; Spinnen

D 01d. Mechanische Verfahren und Vorrichtungen für die Herstellung von künstlichen Fäden, Gespinsten, Fasern, Borsten oder Bändern

DOS 1660488. Verfahren zum Verspinnen von kristallinen polyoxymethylenischen Polymerisaten und Copolymerisaten. Erf.: *Paolo Parrini*. Anm.: Montecatini Edison S.p.A., Mailand (It). A. 2. 12. 66, O. 22. 10. 70. Kl.: 29a, 6/31. A.-Z.: P 1660488 (M 71869). Prior.: 6. 12. 65 (It; A.-Z.: 11974).

DOS 1918686. Verfahren und Vorrichtung zur Filterung von Schmelzen faserbildender Hochpolymerer. Erf.: *Otto Pfannenschmid*. Anm.: Farbwerke Hoechst AG vorm. Meister Lucius & Brüning, 6000 Frankfurt. A. 12. 4. 69, O. 15. 10. 70. Kl.: 29a, 6/12. A.-Z.: P 1918686. Entspr. FrP 2043175.

DAS 1660427. Vorrichtung zum Kräuseln von Verbundfäden unter Wärmeeinwirkung. Erf.: *Masao Matsui* u. *Susumu Tokura*. Anm.: Kanegafuchi Boseki K. K., Tokio; Snia Viscosa Societa Nazionale Industria Applicazioni Viscosa S.p.A., Mailand (It). A. 7. 10. 66, B. 11. 2. 71. Kl.: 29a, 6/20. A.-Z.: P 1660427 (K 60409). Prior.: 11. 10. 65 (Ja; A.-Z.: 62551). Entspr. FrP 1498729, GBP 1144043 u. USP 3425107.

JaP 7033853. Herstellung von ungekräuseltem Acrylgarn. Inh.: Mitsubishi Rayon Co. Ltd. A. 19. 12. 64, B. 30. 10. 70. Kl.: A14 – F1 – (A32 – A94). A.-Z.: 5905/69.

JaP 7035373. Herstellung von Faserbündeln aus synthetischem Harz. Inh.: Furukawa Elec. Co. Ltd. A. 4. 12. 67, B. 12. 11. 70. Kl.: A32 – F1. A.-Z.: 77532/67.

JaP 7035805. Reckapparatur für thermoplastische synthetische Fäden. Inh.: Teijin Ltd. A. 25. 4. 66, B. 10. 11. 70. Kl.: A32 – F1 – (A94). A.-Z.: 26226/66.

USP 3551949. Spinnrohr. Erf.: *Allen E. Leybourne III* u. *John R. Dees*. Inh.: Monsanto Co., St. Louis, Mo. A. 15. 11. 68, B. 5. 1. 71. Kl.: 18-8, Int. Kl.: D 01d 5/04. 7 Anspr. A.-Z.: 776032. Entspr. DOS 1956860.

USP 3559237. Vorrichtung zur Herstellung synthetischer Garne aus Bikomponentenfäden. Erf.: *Paul V. M. van den Biggelaar* u. *Jan C. Rijkaart*. Inh.: American Enka Corp., Enka, N. C. A. 22. 11. 67, B. 2. 2. 71. Kl.: 18-8, Int. Kl.: D 01d. 23 Anspr. A.-Z.: 685049. Prior.: 23. 11. 66 (Nd; A.-Z.: 6616462). Entspr. FrP 1545234.

USP 3562378 Zus. z. Pat. m. A.-Z.: 687934. A. 6. 9. 67; u. Pat. m. A.-Z.: 402932. A. 9. 10. 64. Verfahren zum Erspinnen von zusammengesetzten Acrylfäden. Erf.: *Yoshimasa Fujita, Kazumi Nakagawa, Keitaro Shimoda* u. *Koji Miyashita*. Inh.: Japan Exlan Co. Ltd. A. 20. 8. 68, B. 9. 2. 71. Kl.: 264-168, Int. Kl.: D 01d 5/22. 2 Anspr. A.-Z.: 753859. Prior.: 14. 10. 63 (Ja; A.-Z.: 38/55198. JaP 27584/67.

JaP 7035398. Faden mit Gleit-Stop-Effekt. Inh.: Mitsubishi Rayon Co., Ltd. A. 2. 6. 67, B. 12. 11. 70. Kl.: F7. A.-Z.: 35219/67.

D 01f. Chemische Gesichtspunkte bei der Herstellung von künstlichen Fäden, Gespinsten, Fasern, Borsten oder Bändern

DAS 1669738. Mattierungsmittel für Polyamid. Erf.: *Horst Belde* u. *Ewald Daubach*. Anm.: Badische Anilin- & Soda-Fabrik AG, 6700 Ludwigshafen. A. 9. 11. 67, B. 11. 2. 71. Kl.: 39b4, 29/34, 39b5, 41/04, 20/12, 29b, 3/60. A.-Z.: P 1669738 (B 95324). Entspr. FrP 1590789 u. GBP 1203367.

JaP 7033851. Herstellung von anfärbbarem Polyolefinfaserstoff. Inh.: Mitsubishi Rayon Co. Ltd. A. 5.4. 67, B. 30. 10. 70. Kl.: A17 – E13 – F1 – (A21 – A66 – A94). A.-Z.: 21683.

JaP 7035369. Herstellung von Polypropylenfaserstoff. Inh.: Yoshitomi Pharm. Ind. Ltd.; u. Toyo Spinning Co. Ltd. A. 16. 5. 67, B. 12. 11. 70. Kl.: A34 – E19 – F1 – (A17 – A94). A.-Z.: 31043/67.

SzP 503808. Verfahren zur Herstellung von Viskosekunstseidefilamenten von hohem Naßmodul. Erf.: *Yoichi Uchida* u. *Keniti Hukuma*. Inh.: Teijin Ltd., No. 1, Umeda, Kita-ku, Osaka (Ja). A. 24. 8. 67, B. 31. 3. 71. Int. Kl.: D 01f 3/10. A.-Z.: 11869/67.

DOS 1494654. Verfahren zur Herstellung von Polyvinylalkoholfäden mit ausgezeichneter Anfärbbarkeit und Weiße. Erf.: *Teruo Suda*. Anm.: Kurashiki Rayon Co., Ltd., Kurashiki City (Ja). A. 27. 4. 61, O. 15. 10. 70. Kl.: 29b, 3/65. A.-Z.: P 1494654 (K 57324). Prior.: 14. 12. 60 u. 6. 1. 61 (Ja; A.-Z.: 48575-60 u. 183-61). Vgl. auch DOS 1469098. Entspr. USP 3200178.

DOS 1917648. Verfahren zum Herstellen von Fäden aus Polypropylen. Erf.: *Hans-Georg Trieschmann, Heinz Müller-Tamm, Dieter Moorwessel* u. *Georg Pilz*. Anm.: Badische Anilin- & Soda-Fabrik AG, 6700 Ludwigshafen. A. 5. 4. 69, O. 15. 10. 70. Kl.: 29b, 3/65. A.-Z.: P 1917648. Entspr. FrP 2039276.

DAS 1302685. Verfahren zur Herstellung von Fasern, die ein Vinylchlorid-Pfropfmischpolymerisat enthalten. Erf.: *Seizo Okamura, Tadashi Muroi, Hiroshi Asakura* u. *Ippei Chimura*. Anm.: Denki Kagaku Kogyo K. K., Tokio. A. 7. 5. 62, B. 25. 2. 71. Kl.: 29b, 3/65. A.-Z.: P 1302685 (T 22077). Prior.: 9. 9. 61 u. 16. 12. 61 (Ja; A.-Z.: 32112 u. 45329). Entspr. FrP 1563609 u. SvP 306987.

JaP 7035368. Konjugierte Kräuselfäden. Inh.: Teijin Co. Ltd. A. 25. 5. 66. B. 12. 11. 70. Kl.: A34 – F1 – (A23 – A24 – A94). A.-Z.: 89408/66.

DOS 1918754. Verfahren zur Herstellung anorganischer Fasern. Erf.: *Gerhard Winter, Manfred Mansmann* u. *Hans Zirngibl*. Anm.: Farbenfabriken Bayer AG, 5090 Leverkusen. A. 14. 4. 69, O. 15. 10. 70. Kl.: 29b, 3/15. A.-Z.: P 1918754. Entspr. FrP 2039169.

D 02. Garne; mechanische Veredlung von Garnen oder Seilen; Schären oder Bäumen

D 02g. Kräuseln oder Krimpfen (Texturieren) von Fasern, Fäden, Zwirnen oder Garnen; Garne oder Zwirne

DOS 1817617 Zus. z. Anm.: 1785466. Falschdrallkräuselvorrichtung. Erf.: *Hermann Kubler* u. *Heinz Treptow*. Anm.: Barmag Barmer Maschinenfabrik AG, 5600 Wuppertal. A. 31. 12. 68, O. 15. 10. 70. Kl.: 29a, 6/20. A.-Z.: P 1817617. Entspr. DDP 76066 u. FrP 2019071.

DOS 1920760. Verfahren und Vorrichtung zur Herstellung von gekräuselten Fäden aus synthetischen Hochpolymeren. Erf.: *Konrad Ellegast, Robert Schnegg, Karl-August Essig* u. *Horst Wieden*. Anm.: Farbenfabriken Bayer AG, 5090 Leverkusen. A. 24. 4. 69, O. 5. 11. 70. Kl.: 29a, 6/20. A.-Z.: P 1920. Entspr. FrP 2046508.

DOS 2012971. Verfahren und Vorrichtung zum Drillen von Fäden und bandartigen Produkten um ihre Längsachse. Erf.: *Ole-Bendt Rasmussen, Willi Buch Madsen* u. *Arne Nielsen*. Anm.: Ole-Bendt Rasmussen, Birkeród (Da). A. 18. 3. 70, O. 15. 10. 70. Kl.: 29a, 6/20. A.-Z.: P 2012971. Prior.: 20. 3. 69 u. 11. 8. 69 (Da; A.-Z.: 1540-69, 1541-69 u. 4304-69).

DOS 2021103. Vorrichtung zum Kräuseln von Textilfasern. Erf. u. Anm.: Erf. u. Anm.: *Maurizio Mealli*, Florenz (It). A. 29. 4. 70, O. 5. 11. 70. Kl.: 29a, 6/20, A.-Z.: P 2021103. Prior.: 29. 4. 69 (It; A.-Z.: 4565-69) Entspr. FrP 2040365.

OeP 290711. Verfahren zur Erzeugung von gekräuselten Fäden, Garnen und fadenförmigen Gebilden. Inh.: Snia Viscosa Società Nazionale Industria Applicazioni Viscosa S.p.A., Mailand. A. 9. 8. 66, B. 15. 10. 70. Kl.: 29a, 7/07. A.-Z.: A 7630/66. Prior.: 10. 8. 65 (It; A.-Z.: 7981).

FrP 2040365. Maschine zum Kräuseln von Textilfäden. Inh.: Mealli, M. A. 28. 4. 70, B. 26. 2. 71. Int. Kl.: D 02g 1/00. A.-Z.: 7015437. Prior.: 29. 4. 69 (It; A.-Z.: 4565 A/69). Entspr. DOS 2021103.
JaP 7033865. Feintexturieren von thermoplastischen Fäden. Inh.: Unitika Ltd. A. 28. 1. 66, B. 30. 10. 70. Kl.: A 32 – F 1 – (A 94). A.-Z.: 4871/66.
SUP 299579 (Urheberschein). Vorrichtung zur Drehungserteilung. Erf.: *A. A. Truchman, Ju. Ju. Veselyj* u. *A. M. Kovalev*. Anm.: Vsesojuznyj naučno-issledovatel'skij Institut Mašin dlja Proizvodstva sintetičeskich Volokon. A. 13. 1. 69, B. 26. 3. 71. Int. Kl.: D 02g 1/02. A.-Z.: 1296924/28-12.
ČSP 140619. Verfahren zum Kräuseln von Fäden und Fasern durch Stampfen. Erf.: *Miloslav Pávek* u. *Miroslav Nováček*. A. 21. 9. 68, B. 28. 9. 70. Kl.: 29a, 6/20, Int. Kl.: D 01d. A.-Z.: 6621-68.
ČSP 140633. Verfahren zum Kräuseln von Fäden und Fasern durch Stampfen. Erf.: *Miloslav Pávek* u. *Václav Zákora*. A. 5. 11. 68, B. 28. 9. 70. Kl.: 29a, 6/20, Int. Kl.: D 02g 1/12. A.-Z.: 7507-68.

PAPIER

D 21. Papierherstellung; Gewinnung von Cellulose bzw. Zellstoff

D 21c. Gewinnung von Cellulose durch Abscheiden nichtcellulosehartiger Substanzen von cellulosehaltigen Stoffen; Wiedergewinnung der Zellstoffablaugen Vorrichtung dafür

FrP 2046398 Verfahren zur Herstellung von verschiedenen Angriffsflüssigkeiten mit Sulfat. Inh.: Y. Sivola. A. 23. 4. 70, B. 9. 4. 71. Int. Kl.: D 21c 3/00. A.-Z.: 7014770. Prior.: 25. 4. 69, 18. 6. 69 u. 12. 3. 71 (Fi; A.-Z.: 1223/69, 1800/69 u. 671/70).
SUP 300558 (Urheberschein). Verfahren zur Herstellung von Halbzellstoff. Erf.: *R. A. Ljubavskaja* u. *K. P. Sazonova*. Anm.: Permskij Filial Vsesojuznogo naučno-issledovatel'skogo Instituta celljulozno-bumažnoj Promyšlennosti. A. 2. 9. 69, B. 7. 4. 71. Int. Kl.: D 21c 3/02. A.-Z.: 1358097/23-4 (unter Einbeziehung der Anm. 1358098/23-4).
USP 3553076. Ein nicht-katalytisches Verfahren für die Herstellung von Cellulose aus Lignocellulosematerialien unter Verwendung von Essigsäure Erf.: *Gerrit G. De Haas* u. *Charles J. Lang*. Inh.: Weyerhaeuser Co., Tacoma, Wash. A. 22. 1. 68, B. 5. 1. 71. Kl.: 162-76, Int. Kl.: D 21c 3/20. 13 Anspr. A.-Z.: 699580.
DDP 78480. Regeleinrichtung für aus Zellstoffkochern oder dergleichen bestehende Druckbehältersysteme mit zentraler Abgasleitung. Erf. u. Inh.: *Herbert Pieczonkowski*. A. 22. 9. 69, B. 12. 12. 70. Kl.: 55b, 2/01, Int. Kl.: D 21c. A.-Z.: WP 55b/142598.
SvP 334286. Verfahren zur Herstellung von gebleichter Zellstoffmasse. Erf.: J. *L.-A. Troon, S. O. Dillén* u. *S. E. Noréus*. Inh.: Mo och Domsjö AB. A. 5. 12. 68, B. 8. 3. 71. Kl.: 55c, 1, Int. Kl.: D 21c 9/10. A.-Z.: 16678/68.
USP 3560329. Verfahren zur Rückgewinnung von Chemikalien mit niedrigem Sulfidgehalt. Erf.: *Hugh Wharton Nelson* u. *Carl R. Bozzuto*. Inh.: Combustion Engineering Inc., Windsor, Conn. A. 27. 12. 68, B. 2. 2. 71. Kl.: 162-30, Int. Kl.: D 21c 11/12. 7. Anspr. A.-Z.: 787347.
USP 3560331. Holzaufschluß mit Essigsäure enthaltender Sulfit-Kochlösung. Erf.: *Andrew Beelik*. Inh.: ITT Rayonier Inc. A. 4. 3. 68, B. 2. 2. 71. Kl.: 162-76, Int. Kl.: D 21d 3/00. 3. Anspr. A.-Z.: 709891. Entspr. DOS 1815667.

Sektion G. Physik

G 01. Messen

G 01n. Prüfen von chemischen und/oder physikalischen Eigenschaften von Stoffen einschließlich Laboratoriumsgeräte

SUP 299793 (Urheberschein). Verfahren zur Bestimmung der Feuchte von Rohbaumwolle. Erf.: *V. V. Džemella. A. D. Brovkovič*. A. 15. 5. 69, B. 26. 3. 71. Int. Kl.: G 01n 25/56. A.-Z.: 1329497/28-12.
SUP 301594 (Urheberschein). Einspannvorrichtung. Erf.: *A. I. Stannevičjus, V. L. Rajackas, S. P. Solominas*. u. Anm.: Kaunasskij Politechničeskij Institut. A. 29. 3. 69, B. 21. 4. 71. Int. Kl.: G 01n 3/04. A.-Z.: 1317227/23-5.

Literaturschau

Auszug aus der Lieferung 21 und 22/1971 der Literaturschau „Faserstoffe und Textiltechnik", zusammengestellt von der Abteilung Wissenschaftliches Berichtswesen des Instituts für Faserstoff-Forschung der DAW, 153 Teltow-Seehof, Kantstr. 55

I. Wissenschaftliche Grundlagen

Allgemeines

(Untersuchungsmethoden u. a.)

Janousek, J.: Die Inaktivierung von Hydrosulfit-Entwicklungsflotten durch thermische Zersetzung und Oxydation. Melliand Textilber. internat. **52** (1971) 9, S. 1069–1071.
Rauschenbach, P.: Probenpräparation zur Flüssig-Szintillations-Messung GIT. Fachz. Laboratorium **15** (1971) 8, S. 819–826.
Steinsträßer, R.: Flüssige Kristalle – Grundlagen und chemische Strukturen. Chem. Ztg. **95** (1971) 15/16, S. 661–668.
Liebig, H., Wagner, K.: Flüssigkristalle – ihre Anwendung und deren Problematik. Chem. Ztg. **95** (1971) 17, S. 733–742.
Godwin, R. W., Kunkel, R. K.: Poröse Siliciumdioxidperlen zur Gelchromatographie. Appl. Polymer Symposia (1971) 16, S. 165–170.
Vilenčik, L. Z., Belen'kij, B. G.: Gelchromatographie von Polymeren. Bestimmung der Sorptionswahrscheinlichkeit unter Bedingungen eines chromatographischen Versuches. Vysokomol. Soed. (Hochmol. Verbind.) Serie A **13** (1971) 9, S. 1943–1949.
Fitzky, H. G.: Die Kernquadrupolresonanz, eine neue spektroskopische Methode zur Strukturaufklärung. Teil 1. Teil 2. GIT. Fachz. Laboratorium **15** (1971 9, S. 922–930; 10, S. 1100, 1103–1104.
Price, J. P.: Anwendung der Atomabsorptionsspektroskopie in der Chemiefaserindustrie. Tappi, New York **54** (1971) 9, S. 1497–1499.
Treiber, E.: Rasterelektronenmikroskopie als Hilfsmittel in der Holzforschung. Svensk Papperstidn. (1971) 17, S. 509–514.

Physik und Chemie der Hochpolymeren

Anufrieva, E. V., Vol'kenštejn, M. V., Krakovjak, M. G., Ševeleva, T. V.: Einfluß des Lösungsmittels auf die innermolekulare Beweglichkeit von Makromolekülen in der Lösung. Dokl. Akad. Nauk SSSR (Ber. Akad. Wiss. UdSSR) **200** (1971) 2, S. 358–360.
Brestkin, Ju. V.: Zur Möglichkeit der Bestimmung der Polydispersität von Polymeren anhand der rheologischen Eigenschaften ihrer Lösungen nach den Verfahren von *Schurz* und *Edelmann*. Ž. prikl. Chimii (Z. angew. Chemie) **44** (1971) 8, S. 1862–1868.
Williams, D. R. G.: Die Beziehung zwischen der Morphologie eines kristallinen Polymeren und dem Deformations- und Bruchmechanismus. Appl. Polymer Symposia (1971) 17, S. 25–43.
Sasaki, K., Fujino, S.: Untersuchung über die statische Aufladung von Hochpolymeren. III. Unterschiede zwischen der Reibungselektrizität von Polymerfilmen durch gleitende und rollende Reibung. IV. Temperaturabhängigkeit der Reibungselektrizität von Polymerfilmen. Kobunshi Kagaku, Tokyo (Chem. High Polymers) **28** (1971) 313(5), S. 399–407; 415–422.
Solomon, Z. G., Kudrjavcev, G. I.: Über einige physikochemische und thermomechanische Eigenschaften von Gemischen des Polysulfonamids mit Polyacrylnitril. Chim. Volokna (Chem. Fasern) (1971) 4, S. 51–53.
Biernacki, P., Chrzczonowicz, S., Włodarczyk, M.: Molekulargewichtsverteilung von Polycaproamid, erhalten durch anionische Polymerisation von Caprolactam in Lösungsmitteln. European Polymer J. **7** (1971) 6, S. 739–747.
Jurkevič, V. V., Konkin, A. A.: Untersuchung der thermomechanischen Eigenschaften von Pfropfcopolymeren auf der Basis von Polycaprolactam und Styrol. Vysokomol. Soed. (Hochmol. Verbind.) Serie B: Kratkie Soobšč. (Kurzmitt.) **13** (1971) 9, S. 685–688.
Ballenger, T. F., White, J. L.: Die Entwicklung eines Geschwindigkeitsfeldes in Polymerschmelzen in einem Behälter mit angenäherter Form eines kapillaren Extruderkopfes. J. appl. Polymer Sci. **15** (1971) 8, S. 1949 bis 1962.
Cherry, B. W., McGinley, P. L.: Deformaton von Polymeren auf molekularem Niveau. Appl. Polymer Symposia (1971) 17, S. 59–71.
Ogawa, T., Hoshino, S.: Trübungspunkte bei isotaktischen Polypropylen/Lösungsmittel/Nichtlösungsmittel-Systemen. Kobunshi Kagaku, Tokyo (Chem. High Polymers) **28** (1971) 312(4), S. 348–354. (jap.; engl. Zusammenfass.)
Geuskens, G., Hellinckx, E., David, C.: Kinetische Untersuchung von Anhydridbildung während des thermischen Abbaues von isotaktischer und ataktischer Polymethacrylsäure. European Polymer J. **7** (1971) 6, S. 561–568.
Michajlov, M., Nenkov, G. S. (Schreibw. i. Orig.: *Mikhailov, M.*): Abhängigkeit der thermomechanischen Eigenschaften von vernetzten Methacrylpolymeren von deren Zusammensetzung. Angew. makromol. Chemie, Basel **19** (1971) S. 91–97.
Hatada, K., Terawaki, Y., Okuda, H., Niinomi, T., Yuki, H.: Die Präzision und Genauigkeit bei der Bestimmung der Stereoregularität von Polymethylmethacrylat durch NMR-Spektroskopie. Kobunshi Kagaku, Tokyo (Chem. High Polymers) **28** (1971) 312(4), S. 293–301. (jap.; engl. Zusammenfass.)
Shimura, Y.: Synthesen und Reaktionen von α,ω-bifunktionellen Polystyrolen. Teil II. Bestimmung der Hydroxylgruppen in α,ω-Dihydroxypolystyrol. Kogyo Gijutsuin Sen'i Kogyo Shikensho Kenkyo Hokoku, Yokohama (Bull. Textile Res. Inst. jap. Government) (1971) 94(3), S. 31–34.
Girolano, M., Urwin, J. R.: Anormales Viskositätsverhalten von Blockpolymeren als Funktion der Temperatur für den Zwei-Sequenz- oder AB-Polyisopren/Styrol-Typ. European Polymer J. **7** (1971) 6, S. 693–698.
Kerča, Ju. Ju., Lipatov, Ju. S., Mojsja, E. G., Pasečnik, Ju. V., Savčenko, R. L., Semenovič, G. M.: Über die gemeinsame Kristallisation des Systems: Polymeres/niedermolekulare Substanz. Vysokomol. Soed. (Hochmol. Verbind.) Serie A **13** (1971) 9, S. 1986–1992.
Kabanov, V. Ja., Voronkov, N. A., Kočkin, D. A., Spicyn, Vikt. I.: Strahlungschemische Synthese von Pfropfcopolymeren mit fungiziden Eigenschaften. Dokl. Akad. Nauk SSSR (Ber. Akad. Wiss. UdSSR) **200** (1971) 3, S. 628–629.
Pivovarov, A. P., Gak, Ju. V., Lukovnikov, A. F.: Aromatische Beimischungen in Polymeren und ihr Einfluß auf die photochemischen Umwandlungen. Vysokomol. Soed. (Hochmol. Verbind.) Serie A **13** (1971) 9, S. 2110–2120.
Samochvalov, A. V., Vlasova, K. N., Gordeeva, L. A., Bublik, L. S.: Über die Besonderheiten der Synthese von aromatischen Polyimiden. Plast. Massy, Moskva (Plast. Massen) (1971) 9, S. 15–17.
Matsuzaki, K., Okada, M., Uryu, T.: Triadentaktizität von Polyacrylnitril. J. Polymer Sci., A-1: Polymer Chem. **9** (1971) 6, S. 1701–1714.
Petrov, E. A., Kraseninnikov, A. I.: Einfluß der Zusammensetzung des Dispersionsmediums auf die rheologischen Eigenschaften der Suspensionen von Acrylnitril/Methylacrylat-Copolymeren. Kolloid. Ž., Moskva **33** (1971) 5, S. 708–711.
Solms, D. J., Rijke, A. M.: Anomales Gefrierverhalten von Polymergelen und -lösungen. J. physic. Chem. **75** (1971) 17, S. 2623–2631.

Physik und Chemie der Monomeren und Oligomeren

Usova, E. P., Mitina, L. I., Znamenskaja, A. P.: Untersuchung der Zusammensetzung der Beimischungen im durch Hydrodimerisierung von Acrylnitril hergestelltem Adiponitril. Ž. prikl. Chimii (Z. angew. Chemie) **44** (1971) 8, S. 1924–1928.
Širjaev, B. V., Požarova, V. N.: Bestimmung von Wasser im Acrylnitril mit Hilfe der Gas/Flüssig-Chromatographie. Zavodsk. Labor., Moskva (Betriebslabor) **37** (1971) 8, S. 902–903.

Polymerisation

Kiyotsukuri, T.: Festkörpercopolykondensationsmechanismus von Polyamid 66 und PÄT. Kobunshi Kagaku, Tokyo (Chem. High Polymers) **28** (1971) 312(4), S. 302–307. (jap.; engl. Zusammenfass.)
Kiyotsukuri, T., Kamatani, A.: Grenzflächencopolykondensation des Polyamid-66/610-Systems: Einfluß des Lösungsmittels auf die strukturelle Ordnung im Copolymeren. Kobunshi Kagaku, Tokyo (Chem. High Polymers) **28** (1971) 312(4), S. 285–293. (jap.; engl. Zusammenfass.)
Henrici-Olivé, G., Olivé, S.: Olefin-Polymerisation mit Übergangsmetall-Katalysatoren. Chemie-Ing.-Technik **43** (1971) 16, S. 906–914.
Kopeček, J., Lim, D.: Dreidimensionaler Polymerisationsmechanismus von Glykolmethacrylaten. III. Beitrag zur Polymerisationskinetik des Systems Diglykolmonomethacrylat/Wasser. Coll. czechoslov. chem. Commun. **36** (1971) 7, S. 2703–2707.
Takata, T., Takemoto, K.: Polymerisation von Methylmethacrylat in Gegenwart eines Systems aus Polyamid 6 und Kupferionen. Angew. makromol. Chemie, Basel **19** (1971) S. 1–14.
Dworkin, A.: Kalorimetrische Untersuchung von strahleninduzierter Polymerisation in fester Phase. European Polymer J. **7** (1971) 6, S. 671–692 (franz.)
Narita, H., Machida, S.: Der Polymerisationsmechanismus von Acrylamid bei Initiierung durch Cerionen. Kobunshi Kagaku, Tokyo (Chem. High Polymers) **28** (1971) 313(5), S. 389–395. (jap.; engl. Zusammenfass.)
Kalnin'š, K. K., Belen'kij, B. G., Novožilova, I. V., Kudrjavcev, V. V., Koton, M. M.: Spektroskopische Untersuchung der Umsetzung von Pyromellithsäureanhydrid mit aromatischen Aminen. Dokl. Akad. Nauk SSSR (Ber. Akad. Wiss. UdSSR) **200** (1971) 4, S. 850–853.
Reichert, K.-H.: Zur Polymerisationsaktivität löslicher Ziegler-Natta-Katalysatoren. Hab.Schr. /München, T. H., F. f. allg. Wiss./ v. 30. Oktober 1969 (Nichtf f. d. Aust.) 64 gez. Bl., mehr. Taf. 4°/München 1969 Maschinenschr. vervielf.].
Viswanathan, S., Santappa, M.: Durch Chromsäure-Reduktionsmittel-Systeme initiierte Vinylpolymerisation. J. Polymer Sci., A-1: Polymer Chem. **9** (1971) 6, S. 1685–1699.
Saha, S. K., Chaudhuri, A. K.: Einfluß von Aminen auf die durch Cerionen initiierte Polymerisation von Vinylpolymeren. I. Polymerisation von Acrylnitril durch ein Cerionen/Triäthylamin-Katalysatorsystem. J. Polymer Sci., A-1: Polymer Chem. **9** (1971) 6, S. 1505–1516.

II. Faserstoffe. Ausgangsstoffe usw.

Naturfaserstoffe

Pflanzliche Faserstoffe

Petrescu, A.: Die Qualitätsverbesserung der Erzeugnisse aus Hanf und Leinen. Ind. textilă, București **22** (1971) 8, S. 478–479.
Heap, S.: Verbesserung des Baumwollfasergefüges. Textile Manuf. **97** (1971) 1155, S. 89–93.

Tierische Faserstoffe

Truter, E. V., Wakelyn, P. J.: Das Vorkommen von α-Aminoadipinsäure in oxydierten Proteinen. J. Textile Inst. **62** (1971) 9, S. 465–470.

Chemiefaserstoffe

Vinogradov, Ju. A., Fichmann, V. D.: Bestimmung der durch das Elementarfadenkabel beim Erspinnen im Rohr mitgerissenen Flüssigkeitsmenge. Chim. Volokna (Chem. Fasern) (1971) 4, S. 15–17.
Meyer, K.: Textile Faserstoffe – Chemiefaserstoffe –. Dt. Textiltechnik **21** (1971) 9, S. 539.

Cellulose und Zellstoff

Nitzl, K., Dietl, A., Schweiger, D.: Bestimmung des C=O-Gruppengehaltes in anoxydierten cellulosehaltigen Materialien und vorbehandeltem Polyäthylen. Angew. makromol. Chemie, Basel **19** (1971) S. 57–64.
Rowland, S. P., Roberts, E. J., Bose, J. L., Wade, C. P.: Beurteilung des Ordnungszustandes der Hydroxylgruppen und der Molekularsegmente bei Hydrocellulose. J. Polymer Sci., A-1: Polymer Chem. **9** (1971) 6, S. 1623 bis 1633.
Cohen, E., Avny, Y., Zilkha, A.: Anionische Propfcopolymerisation von Propylensulfid auf Cellulose. I. II. Adsorption von Jod, Silber und Quecksilber an den Propfpolymeren. J. Polymer Sci., A-1: Polymer Chem. **9** (1971) 6, S. 1469–1479; 1481–1492.

Regeneratfaserstoffe

Kuličichin, V. G., Kostikova, E. B., Ginzberg, M. A. Archangel'skij, D. N., Starostenko, L. A., Malkin, A. Ja.: Änderung der Viskoseviskosität während der Reife bei verschiedenen Temperaturen. Chim. Volokna (Chem. Fasern) (1971) 4, S. 27–29.
Apokjan, G. A., Ějfer, I. Z., Malinskij, R. A., Andreeva, L. E.: Untersuchung des Einflusses der Fällbadkomponenten auf das Schaumbildungsvermögen. Chim. Volokna (Chem. Fasern) (1971) 4, S. 35–37.
Serkov, A. T., Kručinin, N. P., Pokrovskij, V. N.: Untersuchung der Festigkeit von Viskoseelementarstrahlen. Chim. Volokna (Chem. Fasern) (1971) 4, S. 30–32.
Elder, H. M., Ferguson, J., Khandakar, A. W.: Cellulosische Kompositfasern. J. Textile Inst. **61** (1970) 4, S. 166–177.

Synthetische Faserstoffe

Repkin, Ju. S.: Einfluß des Düsenöffnungsdurchmessers auf die Spinnkonstanz. Chim. Volokna (Chem. Fasern) (1971) 4, S. 25–26.
Bežuašvili, T. B., Gojchman, A. Š., Nosov, M. P., Fajnberg, E. Z., Konkin, A. A.: Strukturveränderungen bei der Vernetzung und bei dem nachfolgenden Recken von Polycaproamidfäden. Chim. Volokna (Chem. Fasern) (1971) 4, S. 54–56.
Gribov, R. N., Čižov, V. V., Engel'ne, M. V., Kraša, V. B., Zacharov, V. S.: Über die Herstellung von Spinnmassen aus den bei der Synthese von aromatischen Polyamiden erhaltenen Reaktionssirupen. Chim. Volokna (Chem. Fasern) (1971) 4, S. 9–11.
Vajman, E. Ja., Pakšver, A. B., Fichman, V. D.: Photostabilisierung von Polivinylchlorid-Faserstoff mit aromatischen Polymeren und Salzen der Salpetersäure. Chim. Volokna (Chem. Fasern) (1971) 4, S. 20–22.
Perepelkin, K. E., Pugač, B. M.: Über die scheinbare Längsviskosität beim Erspinnen und Orientierungsrecken von Chemiefaserstoffen. Chim. Volokna (Chem. Fasern) (1971) 4, S. 22–25.
Synthetische Faserstoffe in naßgelegten Textilverbundstoffen. Textile Month (1971) 5, S. 68–69.
Kehren, M.-L.: Über die Photooxidation von Polyäthylenglykolterephthalat-Fasern. Dissertation/München, T. H., F. f. allg. Wiss./v. 18. Nov. 1969 (nicht f. d. Aust.) 91 gez. Bl., Anh. 4°/ München 1969.
Standage, A. E., Matkowsky, R. D.: Thermische Oxydation von Polyacrylnitril. European Polymer J. **7** (1971) 7, S. 775–783.
Veiske, C.-D.: Polyamid-Folien und -Verbundfolien. Herstellung, Eigenschaften und Anwendungen. Kunststoffe **61** (1971) 8, S. 518–524.

Künstliche mineralische Faserstoffe

Deitz, V. R., Turner, N. H.: Dynamische Wasserdampfadsorption eines aus Vycor-Schmelze gezogenen Fadens. J. physic. Chem. **75** (1971) 18, S. 2718 bis 2727.
Fitzer, E., Fiedler, A. K., Müller, D. J.: Zur Herstellung von Kohlenstoff-Fasern mit hohem Elastizitätsmodul und hoher Festigkeit. Chemie-Ing.-Technik **43** (1971) 16, S. 923–931.

Ausgangsstoffe. Schaumstoffe. Kautschuk

Füllstoffe für Hochpolymere. Kunststoff-Berater **16** (1971) 9, S. 808–810, 812.

III. Fäden-Herstellungstechnologien

Bobeth, W.: Probleme der Textiltechnologie. Dt. Textiltechnik **21** (1971) 9, S. 552–560.

Spinnerei. Zwirnerei

Zeidman, M.: Die Anwendung der Kennziffer der relativen Unregelmäßigkeit in der Kontrolle des Spinnprozesses. Ind. textilă, București **22** (1971) 8, S. 493–500.

Spinnereivorbereitung

Marshall, G.: Entwicklungstendenzen bei modernen Maschinen. Textile Manuf. **97** (1971) 1157, S. 174–177.
Horbach, W.: Kammgarn- und Streichgarnspinnerei. 1. Teil: Kammgarnspinnerei. Textil-Praxis internat. **26** (1971) 9, S. 535–538. Tex, Doetinchem/Nd. **30** (1071) 9, S. 29–34.

Spinnerei

Houben, W. G.: Die derzeitige Situation unkonventioneller Spinnverfahren und deren Zukunftsaussichten. Spinner, Weber, Textilveredlung **89** (1971) 9, S. 800–808. (dt., engl.).

Zwirnerei

Trockenmaschine verstärkt die Bindeglieder Reifen/Cord. Textile World **121** (1971) 4, S. 74, 76.

Texturfäden

Smirnov, L. S., Truškina, A. P.: Technisch-ökonomische Analyse der Herstellung von Kaprontexturfäden nach verschiedenen technologischen Varianten. Chim. Volokna (Chem. Fasern) (1971) 4, S. 64–65.
Ollenik, J.: Untersuchung der Zusammenhänge zwischen dem Verstreckungsgrad und der Texturierbarkeit von Polyamidseide 6 bei Anwendung der Falschdrahttexturierung. Dt. Textiltechnik **21** (1971) 9, S. 584–587.
Mikut, R., Unger, E.-W.: Prüfung der Volumeneigenschaften von Texturfäden. Teil 2. Versuchsergebnisse nach der Lichtspaltmethode mit Fadenlagenmodulation. Dt. Textiltechnik **21** (1971) 9, S. 572–576.

IV. Flächengebilde-Herstellungstechnologien

Dolecki, S. K.: Feuchte, Schlichtegehalt und Kettenfadenbruchhäufigkeit. Textile Manuf. **97** (1971) 1156, S. 144–148.

Materialvorbereitung

Melling, K., G.: Kettenvorbereitung in Europa – gestern, heute und morgen. Teil V . Melliand Textilber. internat. **52** (1971) 9, S. 1024–1030.

Weberei

Kessels, K: Die Bandindustrie heute. Textil-Praxis internat. **26** (1971) 8, S. 475–479.

Weberei-Technologie

Dawson, R. M.: Schützenlose Webmaschinen. Textile Manuf. **97** (1971) 1155, S. 99–104.

Erzeugnisse der Weberei

Bonnke, M.: Technische Gewebe aus verstreckten Polyolefin-Folienstreifen. Technik i. Bild (1971) 37, S. 7. in: VDI-Nachr. **25** (1971) 37.
Paliwal, M. C., Kimothi, P. D.: Schußfadenschleifchen in Geweben: Ursachen und Verhinderung. Teil 1 u. 2. Textile Month (1971) 5, S. 70, 72, 73; 6, S. 77.
Herzog, W.: Der Nutzwert von textilen Fußbodenbelägen und seine Prüfung. II. Der akustische Komfort. Textilindustrie, Mönchengladbach **73** (1971) 9, S. 577–580.
Townend, P. P.: Künftige Tendenzen auf dem Gebiet der Teppichgarnherstellung. Textile Month (1971) 6, S. 68, 69, 71.
Stritesky, J.: Änderungen von Gewebedimensionen durch Spannungseinwirkung. Textilveredlung, Weinfelden/Schweiz **6** (1971) 8, S. 526–533.

Wirkerei und Strickerei. Konfektion. Sonstige Technologien

Wegerif, J.C.G.: Die Entwicklung von Maschinen für die Maschenstoffindustrie. Brit. Knitting Ind. **44** (1971) 505, S. 70–72, 134, 137–138.
Stern, H., Linn, J.: Die Zusammenarbeit zwischen Wirker, Stricker und Veredler von Maschenwaren. Textilveredlung, Weinfelden/Schweiz **6** (1971) 8, S. 509–526.
Fehn, G.: Ein heuristisches Modell zur automatischen Fertigungssteuerung für die Wirkerei/Strickerei und Konfektion eines Maschenoberbekleidungsbetriebes. Wirk.- u. Strick.-Technik **26** (1971) 9, S. 585–591.
Kipp, H. W.: Einsatz von Raschelmaschinen in der Bandindustrie. Band- u. Flechtind. (1971) 3, S. 123, 126, 128–129, 132–133. (dt., engl., franz.).

Wirkerei- und Strickerei-Technologie

Batchelor, C. W.: Doppeljersey-Strickerei und Musterung – Die Grundprinzipien. Teil II. Hosiery Trade J. **78** (1971) 930, S. 205–210.

Haustraete, R.: Technologie von modernen Raschelmaschinen. IV. Tex, Doetinchem/Nd. **30** (1971) 5, S. 51–56.
Wheatley, B.: Schußeintrag: ein Leitfaden. Knitting Times **40** (1971) 18, S. 79–85.

Erzeugnisse der Wirkerei und Strickerei

Doughty, J. C.: Forschung und Entwicklung auf dem Gebiete der Maschenware und Maschenstoffe. Brit. Knitting Ind. **44** (1971) 505, S. 82–84, 86 bis 88.
Teodorescu, I.: Mathematisch-statistische Methode, angewandt bei der Qualitätskontrolle von Wirkwaren. Ind. textilă, Bucureşti **22** (1971) 8, S. 501–506.

Konfektion

Stamm, G.: Technische Probleme aus den Anforderungen der Konfektion. Melliand Textilber. internat. **52** (1971) 9, S. 1101–1104.

Sonstige Technologien

Schwalbe, W.: Prüfen der dynamischen Eigenschaften von Netztuch aus Syntheseseide. Techn. Textilien **14** (1971) 4, S. 103–108.
Bartl, A.: Verhindern des Aufrauhens von Fischereinetzen aus polyfilen Syntheseseiden. Techn. Textilien **14** (1971) 4, S. 108–113.

Textilverbundstoffe

Schlese, G.: Überblick über die „Nichtgewebe". Textilis, Gent **27** (1971) 9, S. 22–36 (franz.).

Faserverbundstoffe. Vliesstoffe

Nadelverschleiß beim Nadeln. Textile Month (1971) 5, S. 62.

V. Textilveredlung

Heap, S. A.: Jüngste Entwicklungen in der chemischen Ausrüstung. Melliand Textilber. internat. **52** (1971) 9, S. 1085–1088.
Senner, P.: Wie wirkt sich die Lösungsmitteltechnik auf den Wettbewerb Naturfasern/Chemiefasern aus? Melliand Textilber. internat. **52** (1971) 9, S. 1080–1085.
Dorset, B. M. C.: Farbstoff-Fixierung beim Färben und Drucken. Textile Manuf. **97** (1971) 1155, S. 111–117.
Dorset, B. M. C.: Interessante Entwicklungen auf dem Gebiet der Färberei und Veredlung. Textile Manuf. **97** (1971) 1157, S. 198–204.

Farbstoffe. Textilhilfsmittel

Technologie eröffnet neue Farbstoffmärkte. Chem. engng. News **49** (1971) 34, S. 38.
Jörder, H.: Differentialthermoanalytische Untersuchungen an Schmelzklebern. Melliand Textilber. internat. **52** (1971) 9, S. 1088–1093.
Fischer-Bobsien, C.-H., Rhenus, E. T., Roitman, I.: Chemieprodukte 1971 für Textilreiniger im deutschsprachigen Wirtschaftsraum. I. Produkte für Chemischreiniger. 1. Detachiermittel – 2. Lösungsmittel. Chemischreiniger/Wäscher/Färber-Ztg. **70** (1971) 9, S. 491–508.
Rassina, M. I., Meerson, S. I., Gandurin, L. I.: Oberflächeneigenschaften der Lösungen von Vinylalkohol/Vinylacetat-Copolymeren und Benetzung von Textilmaterialien mit diesen Lösungen. Kolloid. Z., Moskva **33** (1971) 5, S. 726–729.

Bleicherei. Sonstige Vorbehandlungsarbeiten der Textilveredlung

Schmidt, O.: Vollbleiche von Wolle und wollhaltigen Mischungen in einem einzigen Arbeitsgang. Reduktive Polyamidbleiche. Textilindustrie, Mönchengladbach **73** (1971) 9, S. 588–590.

Färberei

Hammoudeh, M, Schönpflug, E.: Prüfung der färberischen Eigenschaften und der Kombinierbarkeit der Palanil-Farbstoffe nach dem BASF-Kombi-Test. Melliand Textilber. internat. **52** (1971) 9, S. 1062 bis 1068.
Norris, R. T.: Praktisches Thermofixier-Färben von Polyester/Cellulose-Mischungen. Textile Inst. Ind. **8** (1970) 6, S. 162–168.
Hildebrand, D., Meier, G.: Zur Kinetik des Färbens von Wolle mit Verofix-Farbstoffen. Textil-Praxis internat. **26** (1971) 8, S. 499–504; 9, S. 557 bis 563.
Puhlmann, G.: Retardersysteme beim Färben von Polyacrylnitrilfasern. Dt. Textiltechnik **21** (1971) 9, S. 577–583.

Druckerei

Kudlich, H.: Beitrag zur Mechanik des Druckvorganges auf Siebdruckmaschinen. Melliand Textilber. internat. **52** (1971) 9, S. 1071–1078.
Computergraphik für Textilentwurf VDI-Nachr. **25** (1971) 40, S. 25.

Ausrüstung. Trocknung

Eßer, H.: Der Einsatz von elastischen Kalanderwalzen in der Appretur. Textil-Praxis internat. **26** (1971) 8, S. 494–499.
Parikh, D. V., Frick, J. G., jr, Reid, J. D., Verburg, G. B.: Verfahren für pflegeleichte Baumwolle. Textilveredlung, Weinfelden/Schweiz **6** (1971) 8, S. 533–536.
Koch, H. J.: Chemie und Anwendung von Polyurethanen in der Textilbeschichtung und Kaschierung. Melliand Textilber. internat. **52** (1971) 9, S. 1094–1099.
Roberts, E. J., Wade, C. P., Rowland S. P.: N, N-Diäthylaziridiniumchlorid als Co-Katalysator für die Reaktionen von N-Methylolverbindungen mit Cellulose. Textile Res. J. **41** (1971) 7, S. 617–620.
Bartha, B., Babos, B., Merényi, A., Nagy, L., Pályi, G.: Schmutzabweisende Appreturen. Kolor. Ertesitö, Budapest (Kolor, Rdsch.) **13** (1971) 7/8, S. 181–190.
Die Gegenwartssituation bei durch Nachbehandlung brandresistent gemachtem Textilgut. Japan Textile News (1970) 193, S. 53–55.

Wäscherei. Chemische Reinigung

Reiniger, W.: Waschen von weißer Berufskleidung. Textilreinigung **18** (1971) 9, S. 276–277.
Ban, K., Kawakami, T.: Dynamische Druckverteilungen bei Mangelwalzen. Kogyo Gitjutsuin Sen'i Kogyo Shikensho Kenkyo Hokoku, Yokohama (Bull. Textile Res. Inst. jap. Government) (1971) 94(3), S. 39–45.
Zürner, H-D.: Internationale Tendenzen der Pelzreinigung. Textilreinigung **18** (1971) 10, S. 307–308.

VI. Werkstoffprüfung. Meß- und Prüftechnik. Standardisierung

Eigenschaften und Fehler der Textilmaterialien u. a.

Weigmann, H.-D., Dansizer, C. J.: Die Stabilisierung irreversibel verformter Keratinfasern. Teil II: Mechanismus der Stabilisierung. Textile Res. J. **41** (1971) 7, S. 576–586.
Rouselle, M.-A., Nelson, M. L.: Die Zugänglichkeit der Baumwollcellulose für Deuterium-Austausch. Textile Res. J. **14** (1971) 7, S. 599–604.
DiPietro, J., Stepniczka, H., Nametz, R. C.: Eine Untersuchung der Entflammbarkeit von Baumwolle, Polyester und ihren Mischungen. Textile Res. J. **41** (1971) 7, S. 593–599.
Berger, A., Brockes, A.: Farbmessung in der Textilindustrie. Bayer-Farben-Rev., Leverkusen (1971) Sonderheft 3/1, S. 1–60.
Staš, J.: Die physikalischen Eigenschaften der fadenbildenden Polymeren: PP, PÄT, PA 6. Chem. Vlákna, Svit (Chem. Fasern) **21** (1971) 4, S. 119 bis 121.
Gras, G.: Bekleidungsklimatische Untersuchungsmethoden zur Prüfung hygienisch wichtiger Gebrauchseigenschaften von Textilien. Bekleid. u. Maschenware **10** (1971) 4, S. 177–178.
Burnip, M. S., Elmasri, M. T.: Experimentelle Untersuchungen der Dimensionseigenschaften von durchbrochenen Stoffen. Teil III. Die all-over (glattdurchbrochen)-Technik. J. Textile Inst. **62** (1971) 9, S. 495–509.
Belkowa, H.: Der Einfluß von Desinfektionsmitteln auf die Gebrauchseigenschaften von Textilerzeugnissen aus Synthesefasern. Textilreinigung **18** (1971) 10, S. 300–303.
Hoare, J. L., Stewart, R. G.: Einige Gesichtspunkte der Wollfettzusammensetzung und des Vergilbesn von Neuseeland-Wollen. J. Textile Inst. **62** (1971) 9, S. 455–464.
von Bornhaupt, B.: Die Kontaktverfärbung von Textilien durch Gummifäden in Gegenwart von Kupferspuren. Band- u. Flechtind. (1971) 3, S. 135–136, 138–140. (dt., engl., franz.).

Meß- und Prüftechnik

Rollins, M. L., Goynes, W. R., Brysson, R. J.: Beziehungen zwischen Faserstoff und Polymerem bei beschichteten Baumwollgeweben. Appl. Polymer Symposia (1971) 16, S. 35–49.
Graß, F., Siesler, H., Krassig, H.: Präparations- und Aufnahmetechnik bei IR-spektroskopischen Strukturuntersuchungen an Cellulosefasern. Melliand Textilber. internat. **52** (1971) 9, S. 1001–1005.
Wegener, W., Feier, G.: Die Autokorrelationsfunktion von Modell-Faserverbänden. Melliand Textilber. internat. **52** (1971) 9, S. 1006–1013.
Boshoff, M. C., Kruger, P. J.: Das Mikrometer – ein Instrument zum schnellen Messen des mittleren Faserdurchmessers. Textile Res. J. **41** (1971) 7, S. 573–576.
Perkins, H. H., jr.: Bestimmung von Samenschalen-Rückständen in Baumwolle durch Lösungsmittel-Extraktion und IR-spektrophotometrische Analyse. Textile Res. J. **41** (1971) 7, S. 559–563.
Kissa, E.: Eine schnelle und reproduzierbare Methode zur Bestimmung der Abweisung von trockenem Schmutz. Textile Res. J. **41** (1971) 7, S. 621 bis 629.
Wegener, W., Merkle, R.: Röntgenfeinstrukturuntersuchungen an fixierten und nichtfixierten Multifilen aus Polyacrylnitril-Copolymerisat. Textilindustrie, Mönchengladbach **73** (1971) 9, S. 582–584.
Cross, P. M., Hearle, J. W.: Eine Methode zur Untersuchung der (Vlies)-stoff-Dehnung in einem Raster-Elektronenmikroskop. Textile Res. J. **41** (1971) 7, S. 629–631.

Standardisierung. Terminologie

Diskussion von Entflammbarkeitsvorschriften. Chem. engng. News **49** (1971) **32**, S. 9–10.

VII. Betriebstechnik. Ökonomie. Tagungsberichte und dgl.. Sonderfragen

Betriebstechnik

Selin, A. N., Zolkina, N. S., Mjasnikov, I. N.: Technisch-ökonomische Kennwerte der Entgasung bei der Regeneratfaserstoffproduktion. Chim. Volokna (Chem. Fasern) (1971) 4, S. 61–63.
Žitineva, V. V., Vesova, V. S. Šeččenko, F. K.: Reinigung von Abwässern aus der Produktion von Acrylnitril zwecks Entfernung von Kupfer. Chim. Prom. (Chem. Ind.) (1971) 9, S. 69 (709).
Graf, F.: Betriebsorganisation in der Strickwaren-Oberbekleidungsfertigung. Wirk.- u. Strick.-Technik **26** (1971) 9, S. 591–596.

Ökonomie

Bakumenko, T. L., Fil'bert, D. V.: Ökonomische Voraussetzungen für die Entwicklung der Produktion von Polypropylenfaserstoff in der UdSSR. Chim. Volokna (Chem. Fasern) (1971) 4, S. 66–68.
Trunov, A. F.: Weltproduktion von Chemiefaserstoffen in den Jahren 1960 bis 1970 und die Aussichten der weiteren Entwicklung. Chim. Volokna (Chem. Fasern) (1971) 4, S. 69–74.
Blyth, D., Snowden, D. C.: Anlagen-Rekonstruktion in der Wollindustrie unter besonderer Berücksichtigung der Weberei. Textile Inst. Ind. **9** (1971) 9, S. 252–255.
Black, St.: Über die Bestimmung der optimalen Struktur der Textilindustrie. Eine theoretische Untersuchung. Textile Inst. Ind. **9** (1971) 9, S. 256–261.
Lindner, B.: Organisation des Arbeitsablaufs und Leistungsüberwachung im technologischen Labor der Wollkämmerei und Kammgarnspinnerei. Textile-Praxis internat. **26** (1971) 9, S. 521–523.

Sonderfragen

Kunz, W., Rittel, H.: Volltext-Retrieval in großen Dokumenten-Beständen – ein Konzept für die chemische Dokumentation. Chem. Ztg. **95** (1971) 17, S. 747–750.
de Marez, H.: Die automatische Textildokumentation (Titus Informationssystem). Textilis, Gent **27** (1971) 9, S. 51–53 (franz.).
Lichtenštejn, E. S.: Über die Erhöhung der Effektivität wissenschaftlicher Veröffentlichungen. Vestnik Akad. Nauk SSSR (Mitt. Akad. Wiss. UdSSR) (1971) 8, S. 94–100.

Chemische Thermodynamik

Von Dr. WOLFGANG WAGNER

2., verbesserte Auflage
1968. 190 Seiten · 21 Abbildungen
2 Tabellen · 8° · M 8,—
Bestell-Nr. 7600433 (7006)

Der Autor behandelt in diesem Buch in gedrängter Übersicht das Gesamtgebiet der klassischen chemischen Thermodynamik in bezug auf die theoretischen Grundlagen und die praktische Anwendung. Er gibt Hinweise auf Teilgebiete, wie beispielsweise die statistische Thermodynamik.

Pharmazeutische Chemie

Von Prof. Dr. GÜNTHER WAGNER
und Dr. HANS KÜHMSTEDT

3., verbesserte Auflage
1970. 289 Seiten · 8° · M 8,—
Bestell-Nr. 7600054 (7007)

Trotz der durch die gebotene Kürze bedingten Beschränkung auf die für eine moderne Therapie wesentlichsten Arzneimittel wurde in diesem Band auf eine einfache Aufzählung verzichtet. Der Stoff wurde, um die Entwicklung des Arzneischatzes zusammenhängend darstellen zu können, nach pharmakologischen Gesichtspunkten gegliedert. Bei den wichtigsten Arzneimitteln — meist synthetische organische Verbindungen oder Naturstoffe — wird nicht nur auf die chemische Struktur und die Wirkung, sondern auch auf die Möglichkeiten der synthetischen Darstellung bzw. Isolierung, der Analytik und der Stabilität eingegangen.

AKADEMIE-VERLAG · BERLIN

Textilhilfsmittel
für die
Textilveredlung

A.Th.Böhme

Chemische Fabrik

Betrieb mit staatlicher Beteiligung
DDR-806 Dresden